■IEC 60204-1を活かす知恵

産業機械の電気安全
―安全祈願から安全設計へ―

田村邦夫［監修］　田村誠一・平沼栄浩［著］

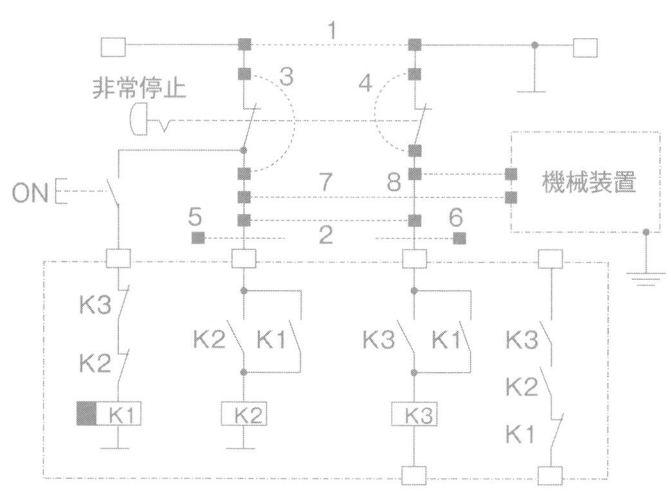

日科技連

序　文

　本書の第Ⅰ部は，産業機械には必ず付属する電気装置に関する国際規格IEC 60204-1（JIS規格「機械類の安全性―機械の電気装置―第1部」）について，規格原案の提案までを含めて，長期間この分野の安全活動等に携わってこられた平沼栄浩氏による規格内容の説明と，安全に関する考え方が述べられています．特に，平沼氏が西ドイツ製電気制御機器の販売活動を通じて得られた経験に基づいて，機械の電気設備設計現場での日本人技術者の陥りやすい考え方に対する修正，さらにIEC 60204-1の講習会でのよくある質問に対する回答などがベースになっています．

　本書の第Ⅱ部は，日本において産業機械の安全を初めて論じた『安全祈願20年―低圧機器の国際性―』という，私の父　田村誠一が35年ほど前に自費出版した本を再度取り上げさせていただきました．できるだけオリジナル版の内容を損なわないように，今に蘇らせるものです．その内容は，制御機器に必要とされる機能も含めて，現代でも通用する記述が多いと思います．その当時の電気制御機器は，いかに安く作るかに主眼が置かれており，性能とか安全は二の次だったのです．このような状況を危惧して安全に対する啓蒙書『安全祈願20年』を著しました．

　父は，海外からの機器の輸入が非常に困難であった1955年から，西ドイツのクロックナー・ムーラー社などの電気制御機器の輸入を始めました．当時の日本の工業をリードしていた製造業の多くで使用されていた最先端機械は主に西ドイツ製であり，それらの西ドイツ製機械に用いられていた電気制御機器のほとんどは，クロックナー・ムーラー社の製品でした．自動車メーカー，鉄鋼メーカー，電機機械メーカー，工作機械メーカーなど，現在活躍している日本の大企業の多くは，クロックナー・ムーラー社の信頼性の高い電気制御機器の使用によって，高度の生産性を維持できるという恩恵を受けてきたのです．

IEC 60204-1 の前身となるドイツの国家規格 DIN VDE 0113 が，1973 年にドイツ電気技術協会より発行されており，ドイツ各社は電気制御機器の安全性，信頼性及び互換性を重視して標準化を進めていました．しかし，その当時の国産の電気制御機器は，日本の事情を考慮し，独立的発想から固有の仕様を規制しておりました．これは，国家の防衛，及び発展を目指していたものと考えられます．しかし，結果論かもしれませんが，海外の標準に合わせることがさらなる拡大成長となったのかもしれません．ドイツでは，電気制御機器の標準化による普及から大きな市場を創り上げたといえます．ここで，その標準化の例を次にあげてみます．

- 取り付けの互換性(サイズ，ネジ，DIN レール)
- 端子番号
- 仕様(電気特性)
- 試験項目
- 使用環境(絶縁距離)
- 保護内容
- 半導体素子の使用制限

　例えば，機械の基本であるネジは JIS ネジとして決められ，機械の輸入障壁としての機能を充分に果たしましたが，現在では外見で見分けがつくようにした ISO ネジが標準となっています．

　標準化の必要性を説明するために例を挙げましたが，標準化で忘れてはならないのが言葉です．ここでは，まず基礎的な言葉として「安全」について述べてみます．現在では「安全・安心」という四字熟語風に用いられる場合が多く，「安全・安心とは」というキーワードでネット検索をすると，およそ 1380 万件もヒットします．しかし，安全と安心は似ているように思われますが，一括りにして語れる言葉ではありません．通常は，ただ何となく語呂がいいから使われているようですが，特に，経済活動に結びつけて「安全・安心」と使われている場合には，隠された意図を見抜く注意力が必要です．

　さて，安全は英単語では SAFETY です．ところが，安心を表す唯一の英単

語は存在しません．これは，日本人が独特の安心概念を持っているのに対して，西洋人は経済分野，医学分野，宗教分野，科学分野，軍事分野などに対して安心を一語で表すことのできる概念を持っていないからです．ここでさらに「安全」と「SAFETY」を較べてみますと，日本人の「安全」概念と西洋人の「SAFETY」概念が異なっていることがわかります．例えば，この機械は誤動作防止に手を尽くしたので，次回も同じように動くだろうというのが日本人の「安全」概念であり，誤動作防止に手を尽くしたけれど，次回は異なった動きをするかも知れないと考えるのが西洋人の「SAFETY」概念です．「安全」は国際規格を満たすことがすべてですが，「SAFETY」では，さらに改善の要求を満たさなければなりません．

　次に，産業機械分野における日本人と西洋人との考え方の違いをあげてみます．例えば，国際規格 ISO 13849（機械類の安全性—制御システムの安全関連部—）には，制御回路のクラス分けとして安全カテゴリー B．1．2．3．4 という表記方法があります．通常の場合，事故の際にはモーター動力などを直接遮断するのが最適ですが，制御機器及び配線に不具合が生じることを認めたうえで，制御回路を動力回路の直接遮断と同じ効果を生むように設計して，事故から回避しようとします．ここで，事故の重大性を考慮して使用される制御機器と配線方法，それらを用いて設計された制御回路を等級で表したのが安全カテゴリーです．すべての制御回路を最上級に設計するのが理想ですが，経済性が結びつくために，回路の等級が必要なのです．

　さて，安全カテゴリーの表記において，1つだけ数字ではなく，Bという文字が使われています．なぜなら，Bは BASIC に由来しており，産業機械に対して追加の安全方策が要求されない通常の制御回路においても満たされるべき要求事項だからです．つまり，Bを満たさない制御回路は西洋には存在しないということです．ところが，日本ではBも安全方策として考えられています．すなわち，日本にはBを満たさない制御機器が存在するということです．このような認識で国際規格の制定に携わると，お互いに齟齬が生じるおそれがあります．

もう1つ例をあげます．産業機械の安全構成上，非常に重要な筐体に関する国際規格 IEC 62208（低電圧開閉装置及び制御装置アセンブリのための筐体）では，防塵，防水に対する保護構造 IP コードとともに，耐衝撃強度 IK コードを規定しています．ここで重要なのは，耐衝撃試験に用いたサンプルの筐体を使って防塵，防水試験をするように規定されていることです．鋼板製制御箱が衝撃による永久歪が残りやすいのに対して，高機能樹脂性制御箱は弾力性に優れており，永久歪も残りにくいため，IP コードの低下という問題も起こりにくく，さらに感電事故防止に有利な二重絶縁構造にも適合しているため，安全を重視すべき産業用電気装置の基本となるものです．しかし，日本の電気設備業界では，鋼板製制御箱の使用を標準としており，代替目的で開発された樹脂製制御箱を使用する例はまだ多くありません．

　最後に，日本は技術指向が強く，汎用性のある新製品を開発しても十分に改良された時点で国際規格に目を向けるようですが，ヨーロッパの国々，特にドイツでは，製品が世に出た段階で，まず自国に有利になるように規格を決めるようです．例えば，電気自動車は，ドイツでは商品化もされていませんが，すでに規格化の動きがあるようです．また，13億人の人口をかかえる中国では，携帯電話のように他国の方が技術的に進んでいる機器でも，その圧倒的購買力と政治力により，自国有利の規格になるように技術開発を進めています．安全という概念で国際規格を考える時，まず基本になる歴史を知り，20年先の国益まで想像できる知恵が必要ではないでしょうか．

　2010年3月吉日

田　村　邦　夫

まえがき

　本書は，機械類の安全性に関する電気設計を歴史的背景から解説するものである．現在の IEC 60204-1(機械類の安全性—機械の電気装置—)の開発経緯から，実務設計者が必要とする内容をまとめたものであり，電気工学に付随する安全を国際規格の観点より，その考え方を解説する．これから産業機械の電気設計を目指す学生のみなさまにも役立つ内容となっている．本書は，IEC 60204-1 を基本とするが，これを国家規格とした JIS B 9960-1(機械類の安全性—機械の電気装置—)を確認することを含め，IEC 60204-1 の要求事項，及び JIS B 9960-1 の用語を確認し，解説を進めていく．

　本書では，各章の初めに IEC 60204-1 をまとめたブロック図を記載し，本書との関連を示している．また "容易な理解" を目的に，IEC 60204-1 の構成を見直し，その解説をブロック図にまとめ，本書で解説する対応章をまとめたものを，**図 A** に示す．

　本書に使用する主な用語を，次に定義する．
- 制御機器(control device)：ブレーカ，電磁接触器，サーマルリレー，及び押しボタンスイッチなどの機器．
- 制御装置(controlgear)：制御機器をアセンブリした装置．
- 電気装置(electrical equipment)：制御装置を設備に接続(取付け器具や部品を含む)している状態の装置．
- エンクロージャ(enclosure)：機器または装置を，外部の物理的影響から保護する囲い．

　用語は非常に重要であり，各章の内容においても必要となる部分に解説を入れている．また，上記に示す「エンクロージャ」は，制御機器，制御装置，または電気装置を保護する部分のすべてに統一して採用している用語であることから，"容易な理解" の障壁となる．したがって，制御装置のエンクロージャ

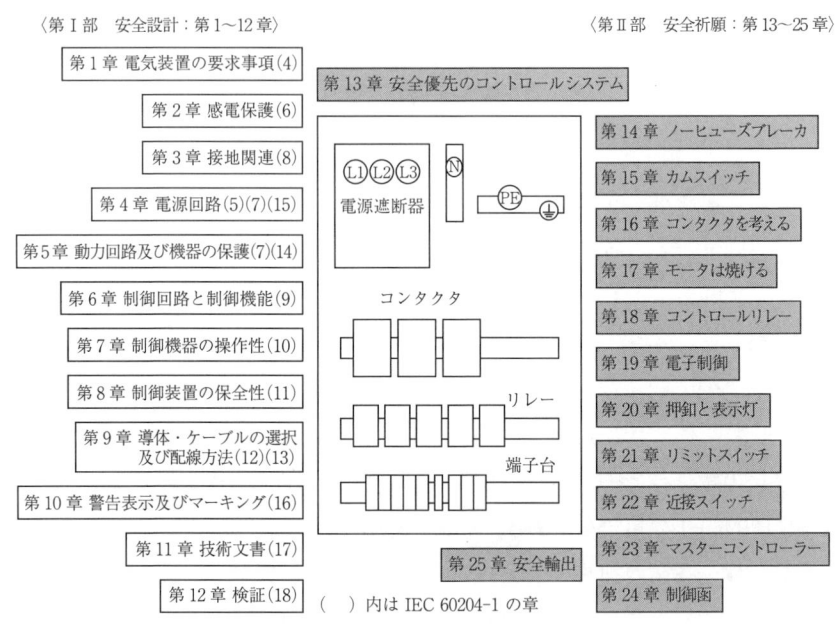

図 A　IEC 60204-1 のブロック図と本書における対応章

は,「筐体」とすることで理解が深まるかもしれない.

　産業機械における電気装置の規格化は, 1942 年発行のドイツ国家規格 VDE 0113(産業機械の電気装置)から始まるが, 欧州 EC 指令に関連するニューアプローチが開始された 1985 年に, EN 60204-1(産業機械の電気装置)が発効されている. これを基本として, 2009 年発行の IEC 60204-1(機械類の安全性―機械の電気装置―)に至る. これは, 制御機器の開発から電気装置の構築が研究された成果である. 本書は, 第 I 部に「電気装置」, そして第 II 部に「制御機器の開発」を主体とした, その時代の設計内容を記載する. この設計内容を知識とし, 知恵を出さなければならない. 制御回路については, 電気信号, 電子信号化や光信号化となる日も遠くないかもしれない.

　したがって,「機械類の安全性―機械の電気装置―第 1 部:一般要求事項」である 2009 年発行の IEC 60204-1, 及び 2008 年発行の日本の国家規格である

JIS B 9960-1 のみを解説するものではない．

　また，第Ⅰ部(1985 年～2010 年)では，電気装置の本質を考える．これは，国際規格の階層化により，基礎(Basic)である電気工学が記載されていないことを理解する必要がある．例えば，オームの法則，自己保持回路，及び短絡電流計算方法などは IEC 60204-1 には記載されていない．この IEC 60204-1 は，電気工学の知識を持つ電気設計者が読むためのものである．

　国際規格 IEC は，「プロセス」，「システム」，及び「試験」に大別され，その各規格には，基礎(Basic)規格，及び関連(Sector)規格が取り巻いている．したがって，1 つの規格では解決できない内容が多い．本書は，2009 年発行の IEC 60204-1，及び IEC 開発経緯を主体とするが，基礎規格及び関連規格の内容をカバーし，実務的な電気設計内容に踏み込む．安全設計の知恵を出すための 1 冊としていただくことを望むものである．われわれは，わが国の電気設計の安全を祈願してやまない．

　2010 年 3 月吉日

　　　　　　　　　　　　　　　　　　　　　　　　平　沼　栄　浩

目　次

序　文 ·· iii
まえがき ·· vii

第Ⅰ部　電気装置の安全設計 20 年（1985～2010 年）

第 1 章　電気装置の要求事項 ··· 5
1.1　リスクアセスメントとリスク低減　6
1.2　制御機器の選択　7
1.3　電源　14
1.4　使用環境，運転条件，輸送，保管，運搬，据付け　15

第 2 章　感電保護 ·· 17
2.1　直接接触に対する感電保護　19
2.2　間接接触に対する感電保護　20
2.3　保護特別低電圧（PELV）使用による感電保護　23

第 3 章　接地関連 ·· 27
3.1　等電位ボンディング　33
3.2　保護ボンディング　37
3.3　機能ボンディング　39

第 4 章　電源回路 ·· 41
4.1　入力電源導体の接続　43
4.2　電源遮断器　45
4.3　電源回路の過電流保護　49
4.4　例外回路　51
4.5　過電圧保護，停電及び電圧降下　52

第 5 章　動力回路及び機器の保護 …………………………………… 55
　5.1　動力回路の過電流保護　56
　5.2　過電流保護機器の取付け位置　68
　5.3　モータの過負荷保護　69

第 6 章　制御回路と制御機能 ………………………………………… 73
　6.1　制御回路の電圧と電源　73
　6.2　制御機能　79
　6.3　起動機能と停止機能　89
　6.4　操作モード及び機能中断　94
　6.5　非常操作　94
　6.6　ホールドトゥラン制御　96
　6.7　ケーブルレス制御　98
　6.8　保護インタロック　98

第 7 章　制御機器の操作性 …………………………………………… 103
　7.1　操作性を考慮した配置及び取付け　105
　7.2　表示灯及び表示器　107
　7.3　押しボタン及び照光式押しボタン　108
　7.4　ロータリ型制御機器　110
　7.5　非常操作用機器　110
　7.6　イネーブル制御機器　112

第 8 章　制御装置の保全性 …………………………………………… 113
　8.1　保全性を考慮した配置及び取付け　114
　8.2　保護等級　116
　8.3　エンクロージャ，ドア及び開口部　118
　8.4　制御装置へのアクセス　118

第 9 章　電線・ケーブルの選択及び配線方法 ……………………… 121
　9.1　電線・ケーブルの選択及び配線方法　121
　9.2　可とうケーブル　131

9.3 導体ワイヤ，導体バー及びスリップリング機構　131
9.4 接続及び経路　131
9.5 導体・ケーブルの識別　133
9.6 エンクロージャ内の配線　134
9.7 エンクロージャ外の配線　135
9.8 プラグ・ソケットによる接続　136
9.9 ダクト，ケーブルトランキングシステム及び接続箱　137

第10章　警告表示及びマーキング……139
10.1 警告表示　140

第11章　技術文書……143
11.1 提供すべき情報　144
11.2 すべての文章に適用する要求事項　145

第12章　検　証……149
12.1 検証手順　149
12.2 自動電源遮断による保護が達成される条件の検証　151
12.3 試験　153
12.4 再試験　154

第II部　電気装置の安全祈願20年（1957～1985年）

第13章　安全を優先のコントロールシステム……157
13.1 安全優先のための VDE 0113　157
13.2 非常停止　158
13.3 非常停止の接点は強制開路　160
13.4 メーンスイッチ　161
13.5 個人用鍵を優先させたスイッチ　162
13.6 モーターの過負荷保護と短絡保護　163
13.7 制御トランス設置の義務　165

13.8　制御回路の接地方式と非接地方式　166

第14章　ノーヒューズブレーカ　168

14.1　ヒューズと配線用遮断器は親類　168
14.2　サーキットブレーカ6機種(25〜3000 A)でカバー　170
14.3　必ず協調が取れるトリップ特性　170
14.4　協調のために瞬時トリップ値可変，及び中間容量ブレーカ不用　171
14.5　刃形開閉器(ディスコネクトスイッチ)　172
14.6　リモートモーター投入　173
14.7　施　錠　173
14.8　長時限限時装置　173
14.9　ヒューズより安全トータルコスト有利　174
14.10　漏電遮断器はなぜテストボタンが入用　174
14.11　漏電の原因を先ず究明しよう　175

第15章　カムスイッチ　177

15.1　安全優先のカムスイッチ　177
15.2　刃形スイッチナイフスイッチ　178

第16章　コンタクターを考える　180

16.1　接点の取替え　180
16.2　投入電流(定格×6)の接点消耗は遮断時の数倍に達する　181
16.3　モーターの起動階級は銘板に記載義務項目　182
16.4　高精度品の保守はユーザーに至難，保守無用が世の常識　182
16.5　使用率40％でテストされた製品では定格を80％に下げることが必要　183
16.6　部品にも避けられない接点溶着　185
16.7　ピックアップ電圧とシール電圧一致が故障防止に必要　185
16.8　コンタクターにも接触信頼度　186
16.9　機械のライフスパンに合わせたコンタクター選定資料　188
16.10　可逆用コンタクター，電気的インターロックだけで20 msの可逆イ

　　　　　ンターバルに成功　　190
　16.11　スターデルタ切換3コンタクター形式　　190
　16.12　クレーン用コンタクター使用率，インチング逆相制動の考慮が入用
　　　　　　192
　16.13　単極コンタクター抵抗，負荷，溶接機用　　192
　16.14　直流操作用コンタクター，エコノマイザー追加だけ　　193
　16.15　直流回路開閉用コンタクター　　193
　16.16　補助接点—接触信頼度を左右する重要な要素　　194
　16.17　コンビネーションスターター　　195
　16.18　撚線直接接続の技術が進んだヨーロッパ　　196
　16.19　モデルチェンジが必要ない性能　　198
　16.20　660 V時代到来　　198

第17章　モーターは焼ける……………………………………………200
　17.1　わが国のサーマルリレーは，トリップ電流設定のアメリカと妥協した
　　　　　　200
　17.2　VDE規格より定格出力付近で1.5倍高精度　　201
　17.3　過負荷保護のサーマルリレー，モータースターター，ノーヒューズブ
　　　　レーカ，サーミスタリレー　　202
　17.4　間欠運転も保護出来るサーマル特性　　202
　17.5　欠相保護　　203
　17.6　欠相の最大原因は劣化するヒューズ　　204
　17.7　ダブルトリップバー式2Eサーマルは欠陥商品　　204
　17.8　モータースターター　　205

第18章　コントロールリレー……………………………………………209
　18.1　補助リレー—保障寿命3000万回　　208
　18.2　ヨーロッパ共通の端子記号　　211
　18.3　ワイヤマーク不用—ヨーロッパ統一端子記号がユーザーに有利　　212
　18.4　補助リレー外形に取付もヨーロッパ基準　　214

        18.5　産業機械に適合する無接点リレー　215
第 19 章　電子制御……………………………………………216
　　19.1　信頼度と安全優先で考えるべき電子制御　216
第 20 章　押釦と表示灯………………………………………219
　　20.1　押釦スイッチ—カラーコード　219
　　20.2　二重絶縁—押釦スイッチ　219
　　20.3　表示灯　220
第 21 章　リミットスイッチ…………………………………221
　　21.1　安全目的のリミットスイッチ　221
　　21.2　わが国の絶縁距離　222
　　21.3　リミットスイッチの反復精度　223
第 22 章　近接スイッチ………………………………………225
　　22.1　近接スイッチ—防爆が本来の目的　225
第 23 章　マスターコントローラー…………………………227
　　23.1　マスコンの専業メーカー G 社　227
第 24 章　制　御　函…………………………………………229
　　24.1　制御函の保護構造 IP 54 以上　229
　　24.2　制御函は保護構造 IP 54　230
第 25 章　安全輸出……………………………………………233
　　25.1　アメリカ，カナダ向け輸出　233
　　25.2　ヨーロッパ輸出と国際電気規格　233
　　25.3　制御函の安全(1)　234
　　25.4　制御函の安全(2)　235
　　25.5　制御函の安全(3)　235
　　25.6　メーンスイッチ　236
　　25.7　非常停止　237
　　25.8　停電保護　238
　　25.9　制御回路の安全対策(1)　238

25.10　制御回路の安全対策(2)　239

25.11　制御回路の安全対策(3)　240

25.12　コイル温度上昇　240

25.13　サーマル最小動作電流―下限　241

25.14　サーマル最小動作電流―上限　242

25.15　短時間定格と拘束保護　242

25.16　モーター回路の保護　243

25.17　プログラマブル コントローラ　244

25.18　補助リレー　244

25.19　補助リレー―ヨーロッパ規格　245

■附属書　機械の電気装置 E/E/PE に関連する規格群 ……………… 246

参考文献 ……………………………………………………………………… 254

索　　引 ……………………………………………………………………… 259

第 I 部

電気装置の安全設計 20 年
（1985〜2010 年）

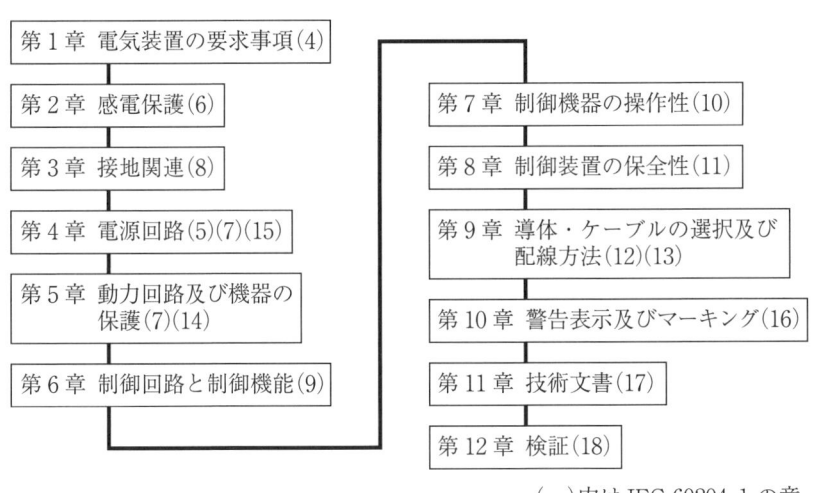

（　）内は IEC 60204-1 の章

1985年は，EC(欧州共同体)がニューアプローチを開始した年である．1981年に発行されたIEC 204-1(産業機械の電気装置)の第2版をベースとして，ユーロコード(60000)に基づきEN 60204-1(産業機械の電気装置)の初版が発行された年である．これは，ドイツの国家規格VDE 0113(産業機械の電気装置)をベースとした見直しである．日本は，1989年にIEC 204-1(Ed.2)をベースとしてJIS B 6015(工作機械—電気装置通則)が発行されている．JIS B 9960-1(機械の電気装置)が発行されたのは，1999年である．**表1**に，JIS(日本規格協会)，IEC(国際電気標準会議)，CENELEC(欧州電気標準化委員会)，及びVDE(ドイツ電気技術協会)の規格開発の経過をまとめる．

表1 産業機械の電気装置―開発経過―

年	JIS	IEC	CENELEC	VDE
1942				VDE 0113
1964		IEC 204-1/-2		VDE 0113
1973				DIN VDE 0113
1981 1985 1986 1989	JIS B 6015	IEC 204-1(Ed.2)	EN 60204-1	DIN VDE 0113 Teil 1
1992 1993		IEC 60204-1(Ed.3)	EN 60204-1	DIN EN 60204-1
1997 1998 1999	JIS B 9960-1	IEC 60204-1(Ed.4)	EN 60204-1	DIN EN 60204-1
2005 2006 2007 2008 2009	JIS B 6015 JIS B 9960-1	IEC 60204-1(Ed.5) IEC 60204-1(Ed.5.1)	EN 60204-1	DIN EN 60204-1

なお，第Ⅱ部の「電気装置の安全祈願20年」では，1973年発行のDIN VDE 0113が解説されている．メインスイッチ，入力端子保護カバー，施錠，停電時再起動防止，過電流保護機器，過負荷保護機器など，その当時の内容と変わっていないことを第Ⅰ部と第Ⅱ部を通じて理解していただけるのではないだろうか．

第1章
電気装置の要求事項

図 1.1 は，IEC 60204-1 の「4 一般要求事項」をブロック図にしたものであ

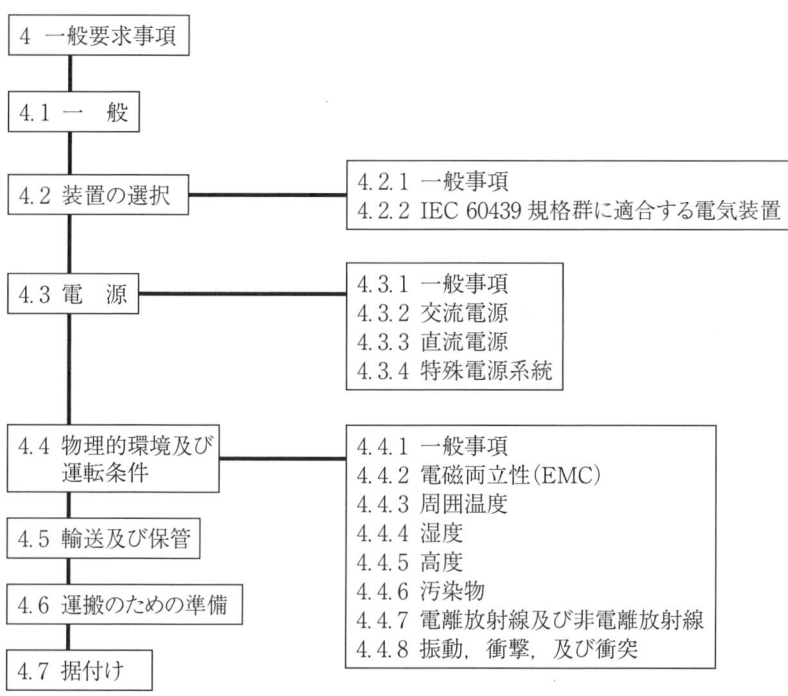

図 1.1 「一般要求事項」のブロック図

る.

1.1　リスクアセスメントとリスク低減（IEC 60204-1　4.1項）

　機械安全は，リスクアセスメントとリスク低減が基本となる．機械類の安全性として，電気装置の危険源に伴うリスクアセスメントを行わなければならない．したがって，電気装置のリスクアセスメントは，機械類のリスクアセスメントの一部として行うものである．リスクとは，危険源に対する危害の酷さ及び発生確率であり，その積で表される．また，その発生確率の要素として，危険源に対する遭遇頻度及び回避の可能性がある．このリスクを評価することがリスクアセスメントである．

　電気装置のリスクには，感電，火災，筐体の破裂，うなり，振動，騒音，及び誤動作を引き起こす制御信号出力などが考えられる．これがすべてではないが，このリスクをアセスメントするためには，危険源を特定（同定，識別）しなければならない．危険源の特定手順は，対象の識別から使用制限（時間，空間）を明確化し，リスクアセスメントを実行する．識別を行う対象と危険源をまとめ，**表1.1**に示す．ただし，これは参考であり，すべてではないことを留意されたい．

　リスク低減は，IEC 60204-1：2009（産業機械の電気装置）に基づき設計を行うものであり，電気装置の製造・設計者が設計段階で組み込むものと，ユーザーが実施するものとの組合せである．ここで，製造設計者とユーザーとの間で，リスク低減対策の責任範囲を明確にする必要がある．これは，売る責任と買う責任の明確化である．また，電気装置に関する基本条件及びユーザーの特殊条件が必要となる場合の追加仕様について適切に合意する必要がある．特に，追加仕様を指定する目的は，次の通りである．

　―機械の種類及び用途を明確にする
　―保全及び修理を容易にする
　―信頼性と操作性を向上する

表1.1 電気装置の危険源

対象	危険源
電源	機械の機能不良を引き起こすような電源の変動または停止
電気機器	感電または電気火災を引き起こすような故障または障害
電気回路	安全機能の故障を引き起こすような電気回路の導通不良
動力回路	機械の機能不良を引き起こすような動力回路の故障または障害
制御回路	機械の機能不良を引き起こすような制御回路の故障または障害
蓄積エネルギー	蓄積された電気的エネルギーや機械的エネルギー
電気的妨害	電気装置の内部または外部で発生する電気的妨害 (例えば，電磁気，静電気，無線周波障害)
騒音	人にとって健康上問題となるレベルの騒音
表面温度	障害を引き起こす表面温度

　使用者の追加仕様には，生産性及び作業効率を基本として，用途，操作性，保全性が要求される．作業効率を低下させる安全は安全とはいえず，逆に新しいリスクを生むこととなる．人にはリスクを楽しむ習性があると同時に，効率性を上げるために危険な作業を定常で可能にできる作業員(100 Vか200 Vかを指で触って判断するなど)を熟練工と判断する可能性が高いことから，作業効率を落とす装置及びシステムは，無効化の対象となる．作業効率から，現場では危険な作業(例えば，活線作業)を要求されるケースが少なくない．

1.2　制御機器の選定(IEC 60204-1　4.2項)

　IEC 60204-1では，「装置の選択」(Selection of equipment)としているが，その内容は「制御部品及び制御機器の選定」であるため，本書では「制御機器の選定」とする．ここで，制御機器を選定する場合の注意事項として，絶縁協調を理解しておく必要がある．絶縁協調は，使用用途が汚染度及び過電圧カテゴリにより選択しなければならない．

（1） 絶縁階級

ドイツには，1972年に発行されたVDE 0110（低電圧施設内の機器の絶縁協調）がある．これは，制御機器の使用環境として，絶縁をA_0, A, B, C, 及びDの5階級としている．これは，環境汚染（埃，塵，結露など）の影響により，制御機器の絶縁が劣化することを考慮したものである．この規格は，使用目的に応じた絶縁階級を規定している．絶縁階級の適用を**表1.2**に示す．

表1.2 絶縁階級（VDE 0110）

絶縁階級	適　　用
A_0	通信機器（電池で動く装置に使用）
A	電気計装機器，計測器（清潔，乾燥，空調された場所で使用）
B	家庭用電気機器（家庭，事務所，試験所，研究所で使用）
C	産業用電気機器（工業用の設備に使用）
D	電車，トロリーバス用電気機器（鉄道などに使用）

また，絶縁階級には，電気的絶縁として空間距離（Clearance）及び沿面距離（Creepage distance）の確保が要求されている（**図1.2**参照）．

欧州の各制御機器メーカーの仕様には，産業機械用として絶縁階級"C"が記載されていた．この絶縁階級から，産業機械用の制御機器であることを確認したうえで選定することが可能であった．これは，家庭用や事務機用の制御機器を産業機械に使用してはならないということである．欧州では，産業機械の電気装置規格EN 60204-1の「4.1　構成部品及び機器」において要求されている「電気部品及び電気機器は，産業用に適当であり，……」は，この絶縁階級Cを示している（第Ⅱ部13.1節参照）．

（2） 過電圧カテゴリ

国際規格としては，1992年に，IEC 60664-1（低電圧システム内の機器の絶縁協調）の初版が発行され，2007年に第2版が発行されている．IEC 60204-1

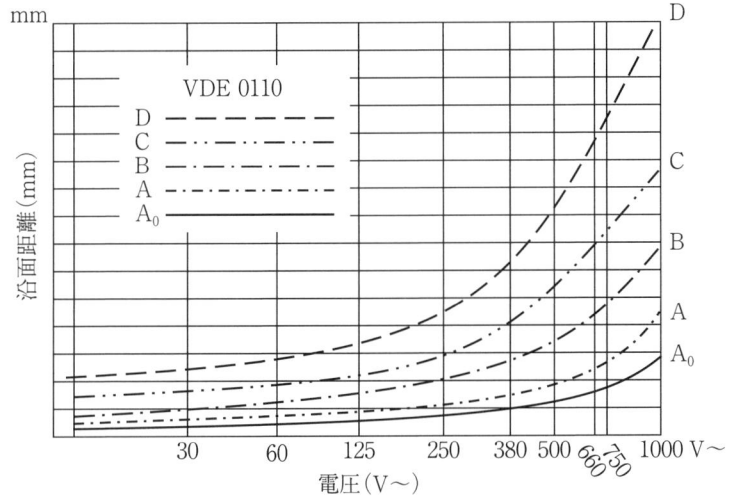

図 1.2　沿面距離

(出典)　VDE 0110 Teil 1 : 1972：『INSULATION CO-ORDINATION FOR EQUIPMENT WITHIN LOW-VOLTAGE SYSTEMS-FUNDAMENTAL REQUIREMENTS』(低電圧施設内の機器の絶縁協調—第 1 部：基本的事項)を元に作成.

の 4.2.2 項では，意図された用途に応じて IEC 60439(低電圧開閉装置及び制御装置アセンブリ)シリーズに関連した制御機器を要求している．IEC 60439 シリーズを確認すると，IEC 60664-1 に基づき選択することとなる．したがって，IEC 60204-1 で要求される制御機器については，IEC 60439 は関連(Sector)規格であり，IEC 60664 が基本(Basic)規格である．また，IEC 60439 は，2009 年に IEC 61439 に改定された．この説明で，確認する国際規格には，基礎規格及び関連規格があることが理解できる．ここで，基礎規格 IEC 60664 を確認する．ここには，使用環境における汚染度や過電圧カテゴリが記載されている(**表 1.3**，**表 1.4** 参照).

制御機器の過電圧カテゴリを次に示す．

- 過電圧カテゴリ I：過度電圧を低レベルに制限措置された回路に接続する機器(例，電子回路など)

表 1.3 汚染度

汚染度	適用
1	シールされた製品
2	事務所環境用の製品
3	重工業環境用の製品
4	屋外環境用の製品

表 1.4 過電圧カテゴリ

過電圧カテゴリ	適用
I	信号レベル
II	コンセント接続レベル
III	配電レベル
IV	給電レベル

表 1.5 VDE 0110 及び IEC 60664 の比較

| 使用環境 | VDE 0110 | IEC 60664 ||
		汚染度	過電圧カテゴリ
信号関係	A_0, A	1	I
家電,事務機	B	2	II
産業機械	C	3	III
屋外	D	4	IV

- 過電圧カテゴリ II:固定配線から給電される機器(例,家庭用機器,手持形電動工具など)
- 過電圧カテゴリ III:固定配線用の機器(例,産業用機器など)
- 過電圧カテゴリ IV:建屋引き込み口で使用する機器(例,電力計,一次過電流保護装置など)

ここで,VDE 0110 と IEC 60664 を比較する(**表 1.5** 参照).

表1.6 IEC 60947

国際規格	適用範囲
IEC 60947 シリーズ 低圧の開閉装置及び制御装置	MCCB※，負荷開閉器，モータスタータ，電磁接触器，制御リレー，押しボタンスイッチ，ロータリースイッチ，圧力スイッチ，温度スイッチ，リミットスイッチ，近接スイッチ，表示灯，非常停止スイッチ

※ MCCB：モールデッド ケース サーキット ブレーカ

表1.5から，産業機械では絶縁階級C，汚染度3，過電圧カテゴリIIIが必要であることがわかる．これに対応する制御機器及び装置の国際規格を，**表1.6**に示す．

(3) 工業グレード

産業機械に使用する制御機器として，家庭及び事務所用の制御係器を選択をする設計者が存在する．事務所用制御機器を対象とするIEC 60950や試験所用制御機器のIEC 61010の認証品を選択する設計者は少なくないのである．IEC 61010において適用外となる国際規格は，IEC 60204-1，IEC 60335，IEC 60950，IEC 60364，IEC 60439，IEC 61558などである．IEC 60335やIEC 60950以外は，産業機械の電気装置として必須となる規格群である(IEC 60335は，「家庭用及びこれに類する電気機器の安全性」である)．IEC 60950及びIEC 61010の適用範囲を**表1.7**に示す．

ここで，直流電源は，IEC 60950で適合証明されたものが市場に流通しており，標準設計として採用している機械メーカーは少なくない．これは，産業機械の電気装置に使用する制御機器としては認められないが，これらを産業機械で使用するための基礎規格が開発された．EU(欧州連合)では，1997年にCENELEC(欧州電気標準化委員会)により，EN 50178(電力設備用電子機器)が発行されている．これは，この欧州規格(EN)の表題に示されるように，電子機器を電力用設備に設置または使用することを目的としたものである．これ

表 1.7　IEC 60950 及び IEC 61010

国際規格	適用範囲
IEC 60950 情報技術機器の安全性	会計機，簿記システム機器，計算機，データ処理装置，シュレッタ，複写機，ファクシミリ，タイプライタ，電話機，電動式製図機，写真印刷機など
IEC 61010 測定，制御及び研究室用電気機器の安全性	測定用電気機器，制御用電気機器，研究室用電気機器，附属品(例：サンプル取扱い装置)

は，電力設備に要求される信頼性の技術レベルに適用する電子機器への要求事項が記載されたものである．過電圧カテゴリⅠまたはⅡの機器を過電圧カテゴリⅢの環境で使用するための要求事項である．したがって，産業機械に過電圧カテゴリⅡである IEC 60950 を使用する場合，その機器は EN 50178 の要求事項を満足していなければならない．機械メーカーの電気設計者が，制御機器選定時に注意する必要がある項目である．

（4）　電源電圧

制御機器が要求する給電内容を把握し，電源は電気装置への接続点からとし，公称電源電圧が交流 1000 V 以下，直流 1500 V 以下及び公称周波数が 200 Hz 以下で動作する電気装置に適用する．図 1.3 に，国際規格における電圧クラスをまとめる．

ここで，注意しなければならないことは，日本，アメリカ，及びカナダである．HV(高電圧)及び LV(低電圧)の境界が 600 VAC であることを十分理解し，動力回路に採用された MCCB(モールデッド ケース サーキット ブレーカ)やコンタクター(電磁接触器)などの仕様を確認して採用しなければならない．なお，図 1.3 の ELV に関しては，本書 2.3 節「保護特別低電圧(PELV)使用による感電保護」及び表 2.4 を参照されたい．また，図 1.3 に示す内容よりも高い電圧または周波数については，IEC 60204-11(機械の電気装置　交流 1000 V

電圧クラス	電圧（U）		
HV High voltage 高電圧	1000 VAC＜U 1500 VDC＜U	電圧バンド IEC 449	
LV Low voltage 低電圧	50 VAC＜U≦1000 VAC 120 VDC＜U≦1500 VDC	II	ELV の分類 IEC 60364
ELV Extra low voltage 特別低電圧	U≦50 VAC U≦120 VDC	I	SELV
			PELV
			FELV

図 1.3　電圧クラス

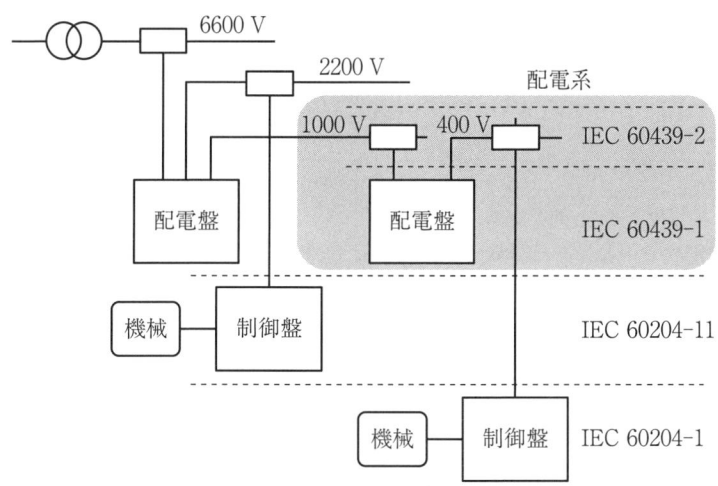

図 1.4　配電系と制御系の関連規格

または直流 1500 V を超え 36 kV 以下の高電圧装置に対する要求事項）に規定されている．

（5）関連規格

産業機械に使用される制御機器は，機械のリスクアセスメントで特定された

安全要求事項を満たすことが重要となる．設計者は，その意図された用途から制御機器を選択することとなる．そこで，制御機器を選択するための関連規格として，IEC 60439-1(低電圧開閉装置アセンブリ及び制御装置アセンブリ)が存在する．本書は，産業機械の電気装置を IEC 60204-1 をベースとしていることから，その関連を配電系と制御系として**図1.4**に示す．

表1.8 電 源

条 件	交流電源	直流電源	
		バッテリの場合	コンバータの場合
電 圧	公称電圧の 0.9～1.1 倍	公称電圧の 0.85～1.15 倍	公称電圧の 0.9～1.1 倍
周波数	公称電源周波数の 0.99～1.01 倍(連続)，または 0.98～1.02 倍(短時間)	―	―
高調波 (充電導体間で発生する高調波の合計電圧実効値)	第2～5高調波合計で10%未満の歪率 第6～30高調波合計で2%未満の歪率	―	―
電圧不平衡	±2% 以下	―	―
電圧中断	3 ms 以下，次の中断までの間隔は 1 s 以上	5 ms 以下	20 ms 以下
電圧降下	降下量は電源波高値の 20% 以下 降下持続時間は 1 サイクル以下 次の降下までの間隔は 1 s 以上	―	―

1.3 電源(IEC 60204-1 4.3項)

電気装置は，表1.8に示す条件下で正しく作動するように設計しなければならない．

1.4 使用環境，運転条件，輸送，保管，運搬，据付け (IEC 60204-1 4.4～4.7項)

電気装置は，意図する使用環境及び運転条件に適したものでなければならない．本件は，IEC 60204-1の4.4項「物理的環境及び作動条件」に対応してい

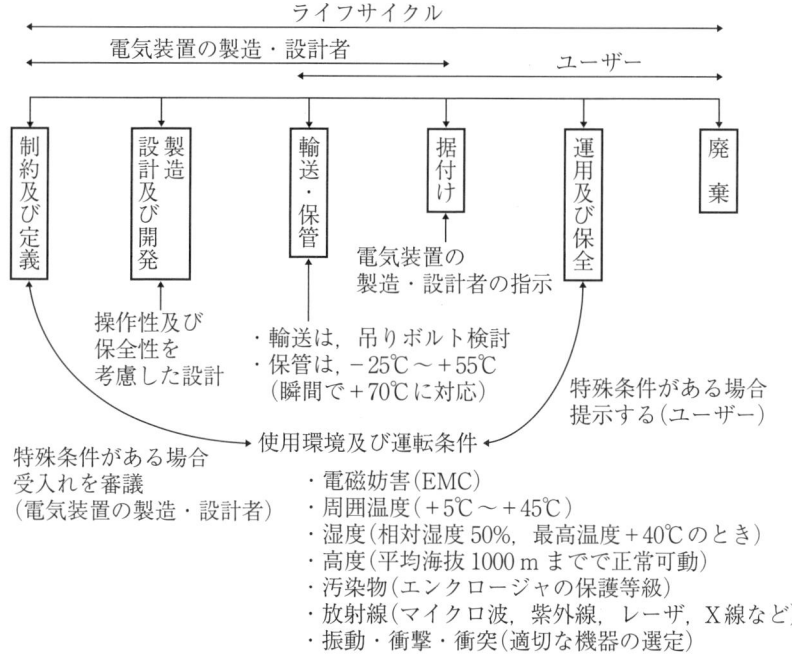

図1.5 使用環境及び運転条件

るが，参照規格がカバーされていない．本書では，参照規格として，IEC 60721 シリーズを紹介することとする．これは，環境条件の分類を示す国際規格であり，「電気装置・電子装置の輸送，保管，取付け及び使用時の環境条件」を規定している．IEC 60721-1 では，「環境パラメータ及びその厳しさ」の分類について規定されているが，対応するわが国の国家規格は，JIS C 60721-1 である．

　本書は，**図 1.5** に示すライフサイクルにおいて，設計・開発から据付けまでを基本とし，ユーザーへの情報提示までを適用範囲とする．ユーザーは，機械の製造設計者から提出される情報提示に基づき，ライフサイクル全般を確認しなければならない．

　電気装置への影響，そして制御機能への影響は，致命的な欠陥を生む可能性がある．したがって，ユーザーの使用環境を十分理解したうえで電気装置を設計しなければならない．特別な条件に対応しなければならない場合，その設計内容について，製造設計者とユーザーとの間で合意が必要になることがある．電気装置の製造設計者の売る責任を明確にすることが，設計者側の企業防衛となる．また，同時に電気装置ユーザーの買う責任を明確にすることが，使用者側の企業防衛となるのである．

第 2 章

感電保護

図 2.1 は，IEC 60204-1 の「6 感電保護」をブロック図にしたものである．

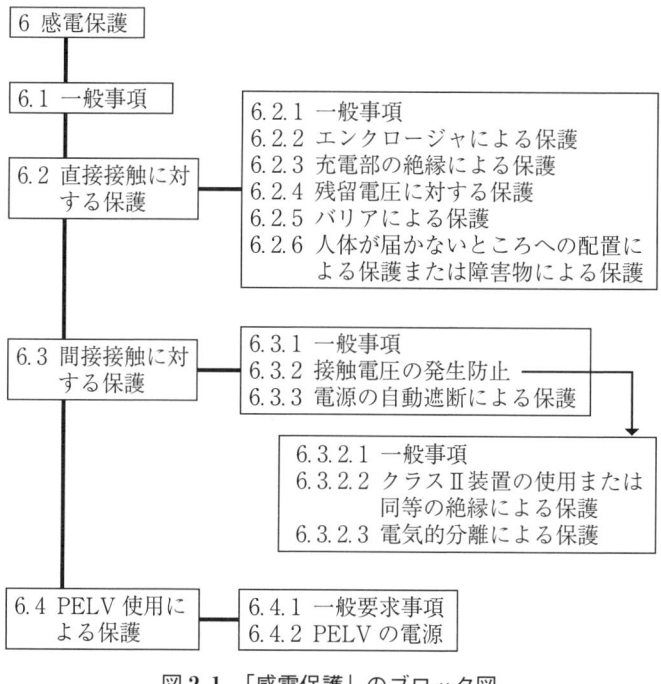

図 2.1 「感電保護」のブロック図

安全に関する国際規格は，直接影響だけでなく，間接影響までをカバーしなければならない．安全の基本とされるISO/IECガイド51に記載される「人の誤った行動」を直接影響とし，「装置のやむを得ない故障」を間接影響と説明できる．わが国の安全第一は，この直接影響に特化したものであり，作業者教育に特化してきた．国際標準とわが国の標準の温度差は，間接影響の対応にあるといえる．わが国では，「装置のやむを得ない故障」は，整備不良であると片付けられている可能性がある．本書は，安全の国際的な標準(国際規格)として注目されている間接影響に対し，短絡事故や地絡事故における障害を安全側に導くための機器と系(システム)の安全方策について述べるものである．

例えば，短絡事故である．電気技術者の間では，定常運転中の短絡事故は存在しないといわれてきた．非定常での運転，調整及び保全中の人的ミスによる短絡事故は認めるが，定常―非定常にかかわらず，絶縁劣化による短絡事故は有り得ないというものである．この人的ミスが直接影響であり，有り得ないといわれる絶縁劣化による短絡事故が間接影響である．国際標準で要求される電気系(電気システム)の信頼性は，間接影響の考慮が重要であることを理解しなければならない．

感電は人間の誤った行動や電気装置のやむを得ない故障について，あらゆる場面を想定して十分な対応を行うことが重要である．電気装置は，以下の感電から人を保護しなければならない．

―直接接触による感電保護(人の誤った行動)
―間接接触による感電保護(電気装置のやむを得ない故障)

直接接触は正常状態(故障でない状態)の電気装置の充電部に接触することであり，間接接触は絶縁劣化などの故障時に，電気装置のケースやフレームの露出導電性部分に接触することである．これは，二次的災害といえる．感電の保護手段を，図2.2に示す．

直接接触に対する保護は，充電部に絶縁材やバリアで保護するような「物質的な隔離」と，電気機器の設置に関する「空間的な隔離」が要求される．また，間接接触に対する保護は，機器接地により人体の感電系路を作らない設計

第2章 感電保護

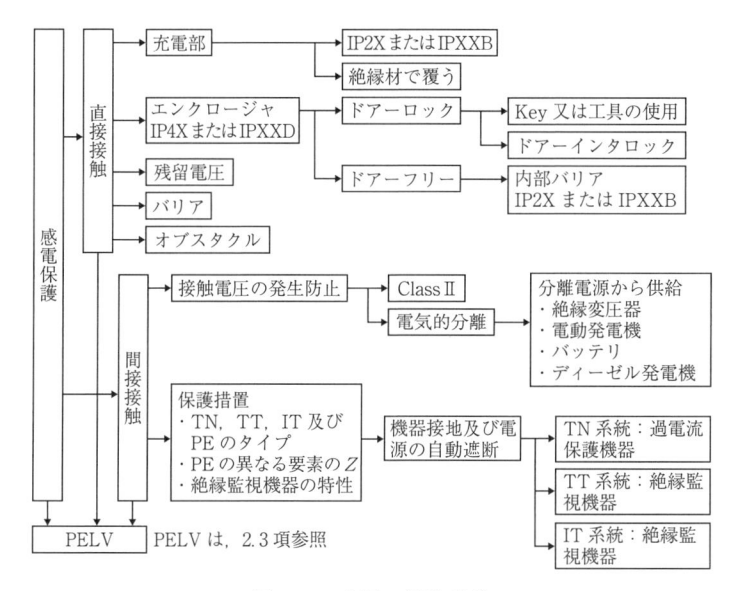

```
                    ┌─ 充電部 ──┬─ IP2XまたはIPXXB
                    │          └─ 絶縁材で覆う
                    │
            ┌─ 直接 ─┼─ エンクロージャ ─┬─ ドアーロック ─┬─ Key又は工具の使用
            │  接触  │   IP4XまたはIPXXD │              └─ ドアーインタロック
            │       │                  └─ ドアーフリー ─── 内部バリア
            │       ├─ 残留電圧                              IP2XまたはIPXXB
            │       ├─ バリア
            │       └─ オブスタクル
 感電保護 ──┤
            │       ┌─ 接触電圧の発生防止 ─┬─ ClassⅡ        ┌─ 分離電源から供給
            │       │                    └─ 電気的分離 ──┤ ・絶縁変圧器
            │  間接 │                                    │ ・電動発電機
            ├─ 接触─┤                                    │ ・バッテリ
            │       │                                    └─ ・ディーゼル発電機
            │       │   保護措置
            │       │  ・TN, TT, IT 及び    機器接地及び電    ┌─ TN系統：過電流
            │       └──  PE のタイプ ──── 源の自動遮断 ─┤      保護機器
            │          ・PEの異なる要素のZ                 ├─ TT系統：絶縁監
            │          ・絶縁監視機器の特性                 │      視機器
            │                                            └─ IT系統：絶縁監
            │                                                   視機器
            └─ PELV    PELVは, 2.3項参照
```

図2.2 感電の保護手段

が要求される．さらに，間接接触を起こさない本質的な安全として，エンクロージャに絶縁Box(ClassⅡ機器)を使用し，電気装置を設計しなければならない．

2.1 直接接触に対する感電保護(IEC 60204-1 6.2項)

　直接接触に対する保護は，エンクロージャや充電部の絶縁による保護が要求される．電気機器の充電部はエンクロージャによりIP 2X/IP XXBとし，電気装置のエンクロージャはIP 4X/IP XXDとする(**表2.1**参照)．なお，保護等級の詳細は，本書の表8.2を参照されたい．

　電気機器の充電部はフィンガーセーフ構造が要求されるが，絶縁による保護を行う場合は，充電部の破壊を不可能とする絶縁物で完全に覆わなければならない．電気装置のエンクロージャは制御盤のBoxを指し，キーまたは工具の使用を必要とするか，または主電源遮断器(MCCBまたは断路器)をOFFしな

表 2.1 保護等級

対象	IP コード	電気機器/装置に対する保護内容	IP コード	人に対する保護内容
電気機器	IP 2X	直径 12.5 mm	IP XXB	指による
電気装置	IP 4X	直径 1.0 mm	IP XXD	針金による

いと，ドアが開かないドアーインタロック構造とする．

2.2 間接接触に対する感電保護(IEC 60204-1 6.3項)

　間接接触に対する保護は，危険な接触電圧の発生を防止する手段として，Class I(機器接地による)，Class II(二重絶縁)及び電源の自動遮断による保護が要求される(図 2.2 参照)．制御回路における電気機器の内部で配線障害が発生した場合を想定し，電気機器のエンクロージャに配線が接触する障害を考える(**図 2.3 参照**)．

　電線の絶縁劣化などにより露出された充電部がエンクロージャに接触し，図 2.3 の点線に従って人が感電する様子である．この感電の回避として「機器接地」が重要となる．ただし，機器接地さえすればよいということに依存せず，

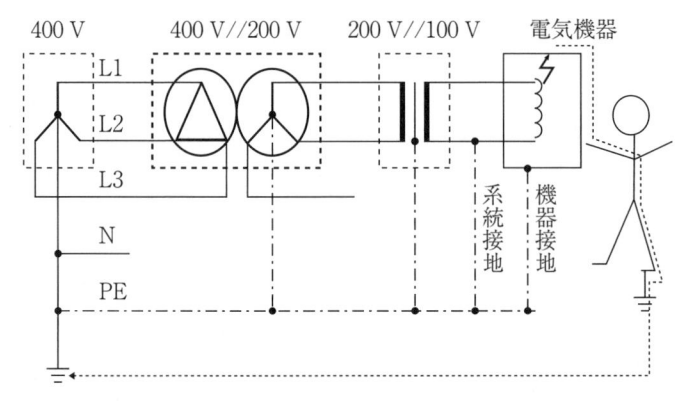

図 2.3　間接接触

人体のインピーダンスよりも，機器接地の系路のインピーダンスが低くなければならない．これは，文部科学省検定済教科書『中学校技術・家庭用』に記載されている「電気による事故の防止」及び「ろう電」と相違なく，この内容を中学生が学んでいる．わが国の文部科学省は，安全を義務教育として取り上げており，機器を安全に使用するために，「機器の定格」，「絶縁電線の許容電流」，及び「電気機器の定格表示の例」などが記載されている．

　人体の内部インピーダンスの大部分が抵抗性であるが，皮膚のインピーダンスは抵抗性と容量性であり，人体の合計インピーダンスは，抵抗分と容量分からなる．人体の皮膚は，2700 V/cm の電圧で破壊されるといわれている．

　間接接触に関する保護処置の国際規格として，IEC/TR 61200-413 がある．この規格の名称は，「電気設備の手引—413 節：自動電源遮断による間接接触に対する保護処置に関する注釈(Electrical installation guide-Clause 413 : Explanatory notes to measures of protection against indirect contact by automatic disconnection of supply)」である．この規格に掲載されている接触電圧の規定を，**表 2.2** に示す．

　表 2.2 より，接触電圧が 50 V 以下であれば，感電時間が ∞ となっている．これが，安全電圧である．

表 2.2　推定接触電圧と最大遮断時間の間の関係

推定接触電圧 (Ut) (V) (接触電圧)	$Z(\Omega)$ (人体のインピーダンス)	I(mA) (感電電流)	t(ms) (感電時間)
50 以下	1725	29	∞
75	1625	46	500
100	1600	62	400
125	1562	80	330
220	1500	147	180
300	1460	205	120
400	1425	280	70
	1400		40

表2.3 保護クラス

保護クラス	安全のための注意事項	シンボル IEC 60417	設置アプリケーション
Class 0	無接地の環境	シンボル無し	IEC 60364-41 Clause 413.3 参照
Class Ⅰ	保護接地導体の接続	⏚	保護導体 PE または PEN
Class Ⅱ	不必要	▢	一般的なアプリケーション
Class Ⅲ	安全電圧で接続	⬙	PELV

　保護クラスには，4つのクラス(IEC 60364-4-41参照)がある．IEC 60204-1の間接接触による保護では，IEC 60346-4-41との整合化から安全方策をまとめている．その要求内容を，**表2.3**に示す．

　表2.3に示すClass 0は，IEC 60364-4-41(建築電気設備―第4-41部：安全保護－感電保護)の413.3項(非導電性場所)に基づき，保護手段として充電部の基礎絶縁が故障した場合に，異なる電位となるおそれがある部分に同時に触れることを防止する．産業機械の電気装置では，感電保護としてClass Iを基本に接地を要求している．

　電源の自動遮断(図2.1参照)による保護(IEC 60204-1 6.3.3)では，過電流保護機器及び絶縁監視機器が重要となる．この保護方策は，絶縁不良発生時に保護機器の自動作動によって1つまたは2つ以上の導体を電源から切り離すものである．回路を接地しない場合は，絶縁不良を検出する絶縁監視機器を設ける必要がある．注記として，大きな機械においては，地絡ポイントを発見する手段を備えることが保全作業に有益である．また，TN系統(第3章参照)の場合，絶縁不良発生時に電源を自動的に遮断する過電流保護機器の使用による自動遮断を備えていても，時間内に切り離すことが保障できない場合は，追加のボンディングを備えなければならない．

2.3 保護特別低電圧(PELV)使用による感電保護(IEC 60204-1 6.4項)

PELVによる感電保護は，直接接触及び間接接触による感電に対し，特別低電圧を用いて人を保護することである(図2.1参照)．直接接触及び間接接触に関する感電保護，及び保護特別低電圧(PELV)による感電保護の関係を，**図2.4**に示す．

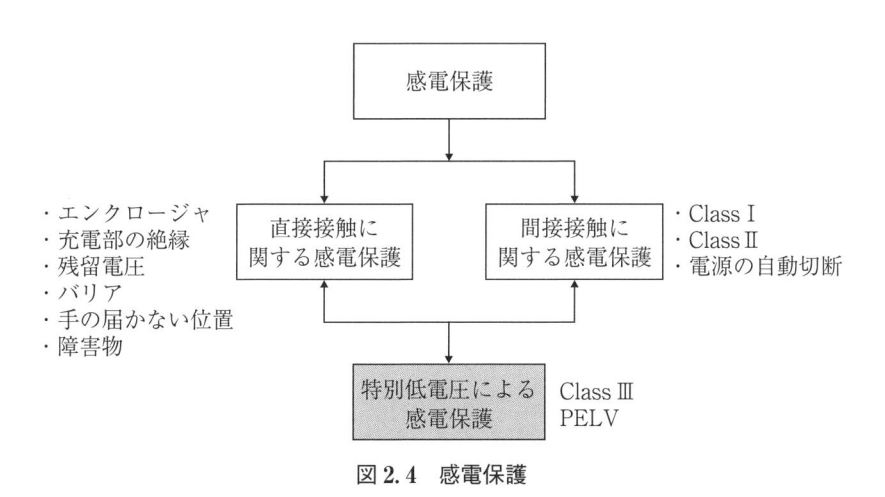

ここで，特別低電圧(ELV)には，SELV，PELV，FELVの3種類が存在する(**表2.4**参照)．

次に，特別低電圧(ELV)の考え方として，電源と保護導体の関係を**表2.5**及び**図2.5**に示す．

表2.5にある「電気的分離」とは，電源を絶縁変圧器とすることにより，SELV(50 Vac，120 Vdc)及びPELV(25 Vac，60 Vdc)より高い電圧から分離し，絶縁することである．

産業機械における直接接触及び間接接触による感電に対しては，保護特別低電圧(PELV)を用いて人を保護する必要がある．すなわち，**表2.6**の条件をす

図2.4 感電保護

表2.4 特別低電圧(ELV)

ELVの分類	Class ELV	ELVの意味	対象規格
SELV	Safety Extra Low Voltage	安全特別低電圧 確実に電気的分離された特別電圧	IEC 60950 (OA)
PELV	Protective Extra Low Voltage	保護特別低電圧 確実に電気的分離された機能特別電圧	IEC 60947 (FA)
FELV	Functional Extra Low Voltage	機能特別低電圧 確実に電気的分離されない機能特別電圧	

OA：Office Automation
FA：Factory Automation

表2.5 電源と保護導体の関係

記号	電源と回路	接地と保護導体との関係
SELV	回路及び電源は安全に電気的分離されている	●回路は非接地 ●機体は接地及び保護導体と接続しない
PELV		●回路は接地 ●機体は接地または保護導体と接続
FELV	電源及び回路は基礎絶縁	●回路は接地してよい ●機体は電源一次回路の保護導体に接続

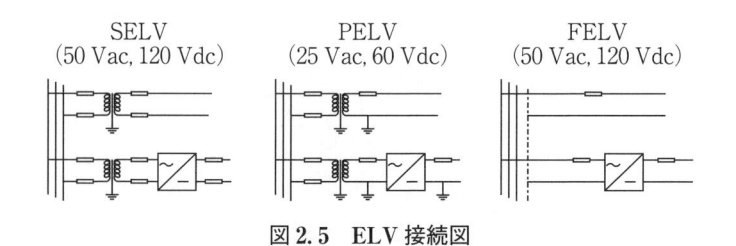

SELV
(50 Vac, 120 Vdc)

PELV
(25 Vac, 60 Vdc)

FELV
(50 Vac, 120 Vdc)

図2.5 ELV接続図

表 2.6 PELV の条件

対象	条件
公称電圧	次に示す値を超えないこと ―乾燥場所での使用で，充電部が保護されている場合， 　25 Vac(実効値)または 60 Vdc(リップルなし) ―充電部が保護されていない場合， 　6 Vac(実効値)または 15 Vdc(リップルなし) NOTE：充電部の保護は，IP 2X/IP XXB (表 2.1 参照)である
接続	回路の 0V コモンを保護ボンディング回路に接続する
PELV 回路の充電部	他の充電回路から電気的に分離され，安全絶縁変圧器(IEC 61558-2-6 参照)を使用しなければならない
PELV 回路の導体	他のいかなる回路の導体からも物理的に分離している
PELV 回路用プラグ及びコンセント	プラグは，他の電圧系統のソケットに挿入できない コンセントは，他の電圧系統のプラグの挿入を許さない

べて満足しなければならない．

　産業機械の電気装置では，特別低電圧による保護として PELV を基本としている．IEC 60204-1 での要求は PELV であり，SELV 及び FELV は対象としていない．パワーサプライ(直流電源)など，SELV を対象としているものは家電，検査装置なので，産業機械の電気設計では対象とならないことに注意する必要がある．ただし，パワーサプライ(直流電源)の規格が存在しないため，適合性評価を目的に，IEC 60950 により SELV 対応として検証されているものが大半であるため，電気設計としてはこれを使用しなければならない現状が存在する．これについては，本書 1.2 節「制御機器の選定」を参照されたい．

　PELV の電源は，次のいずれかでなければならない．
―安全絶縁変圧器(IEC 61558-2-6 で認証されていること)
―安全絶縁変圧器と同等の安全度を提供する電源(例えば，同等の分離巻線を持つ電動発電機)
―電気化学的電源(例えば，電池)または PELV より高い電圧回路から独立

したその他の電源(例えば，ディーゼル駆動の発電機)

―出力端子の電圧が内部に障害があった場合にも，常に規定値(25 Vac, 60 Vdc)を超えないようにする手段を規定している適切な規格に適合する電子回路電源

第3章

接地関連

　図3.1は，IEC 60204-1の「8 等電位ボンディング」をブロック図にしたものである．

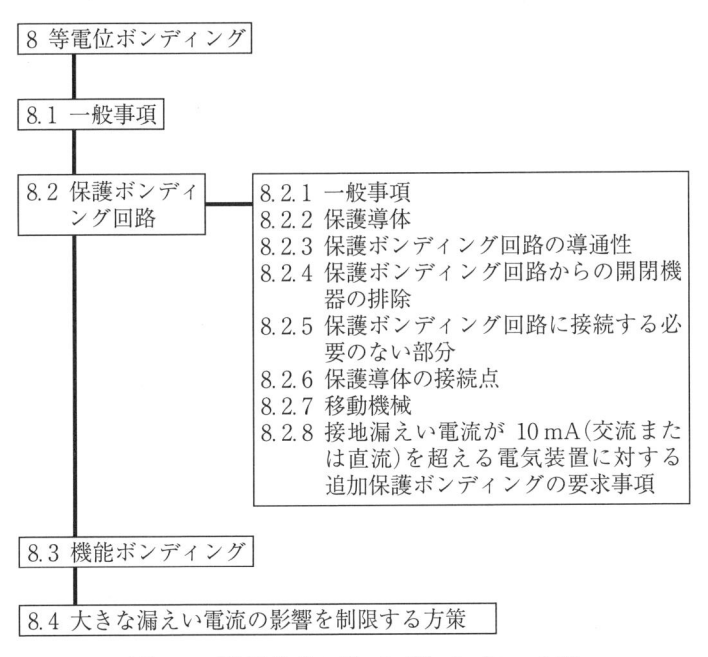

```
┌─────────────────────┐
│ 8 等電位ボンディング │
└─────────┬───────────┘
          │
┌─────────┴───────────┐
│ 8.1 一般事項        │
└─────────┬───────────┘
          │
┌─────────┴───────┐  ┌──────────────────────────────────────┐
│ 8.2 保護ボンディ │──│ 8.2.1 一般事項                       │
│     ング回路     │  │ 8.2.2 保護導体                       │
└─────────┬───────┘  │ 8.2.3 保護ボンディング回路の導通性   │
          │          │ 8.2.4 保護ボンディング回路からの開閉機│
          │          │       器の排除                       │
          │          │ 8.2.5 保護ボンディング回路に接続する必│
          │          │       要のない部分                   │
          │          │ 8.2.6 保護導体の接続点               │
          │          │ 8.2.7 移動機械                       │
          │          │ 8.2.8 接地漏えい電流が 10 mA（交流また│
          │          │       は直流）を超える電気装置に対する│
          │          │       追加保護ボンディングの要求事項 │
          │          └──────────────────────────────────────┘
┌─────────┴─────────────┐
│ 8.3 機能ボンディング  │
└─────────┬─────────────┘
          │
┌─────────┴──────────────────────────────┐
│ 8.4 大きな漏えい電流の影響を制限する方策 │
└────────────────────────────────────────┘
```

図3.1　「等電位ボンディング」のブロック図

表 3.1　接地系統の分類の定義

第1番目の文字 (電源と大地の関係)		第2番目の文字 (エンクロージャと大地の関係)		第3番目以降の文字 (TN系統で，SとCを分類)	
T	Terre(接地)	T	Terre(接地)	S	Separated (TとNを分離)
I	Insulation(絶縁)	N	Neutral(中性点)	C	Combined (TとNの組合せ)

表 3.2　接地系統の用途(参考)

TN系統	TT系統	IT系統
● 自家用配電系統 ● ビル設備 ● 工場設備	● 自家用配電系統 ● ビル設備 ● 工場設備 ● 農場の電気設備	● 病院の電気設備 ● 化学工場

表 3.3　導体の識別記号

記号	名称
─/─	中性導体(N)
─/─	保護導体(PE)
─/─	保護導体・中性導体(PEN)

(出典)　日本工業標準調査会(審議):『JIS C 0617-11：1999　電気用図記号　第11部：建設設備及び地図上の設備を示す設置平面図及び線図』，日本規格協会, p.17, 1999年.

　接地系統(配電系統における接地方式)は，IEC 60364シリーズで接続方式が規定されており，TN系統, TT系統, IT系統の3種類に大別される．また，TN系統には，TN-S, TN-C, TN-C-S系統が存在する．この分類の定義を，**表 3.1**に示す．

　接地は，EやGではなくTであり，これはフランス語で地球を意味し，大地を示す．次に，参考として接地系統の用途を**表 3.2**に示す．なお用途はこれ

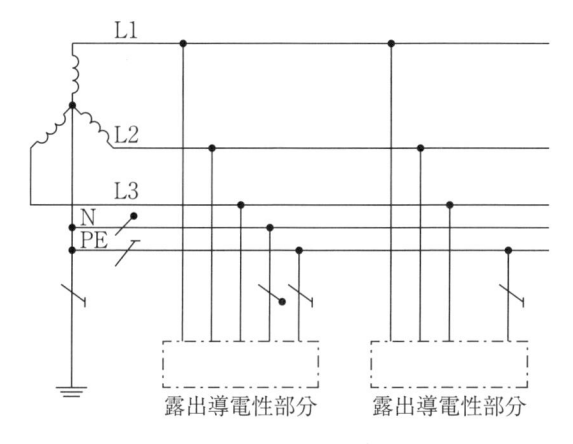

図 3.2　TN-S 系統

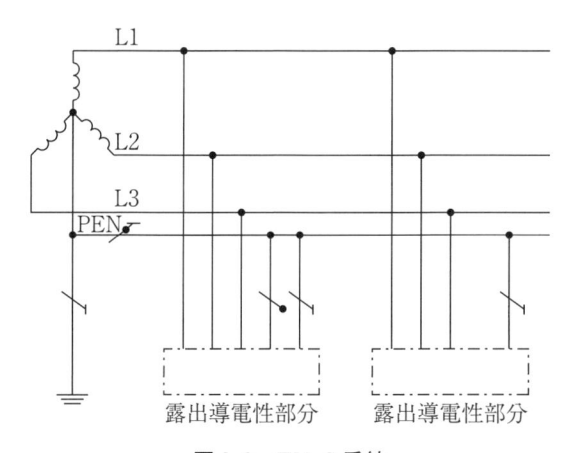

図 3.3　TN-C 系統

だけに限定されるものではない．

　回路図において，中性導体及び保護導体の識別記号があるので，その内容を**表 3.3**に示す．

　次に，接地系統の基本系を示す．

■ TN-S 系統(**図 3.2**参照)
■ TN-C 系統(**図 3.3**参照)

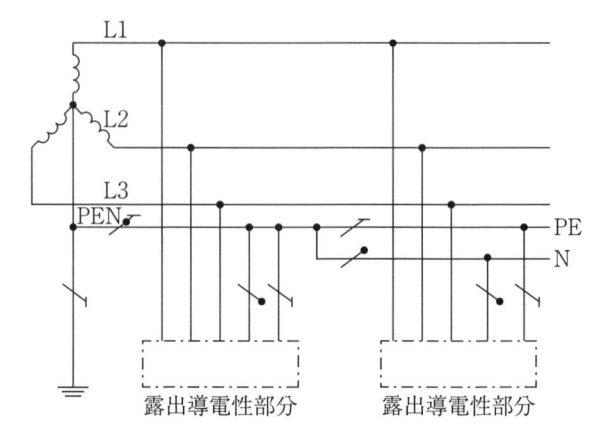

図 3.4　TN-C-S 系統

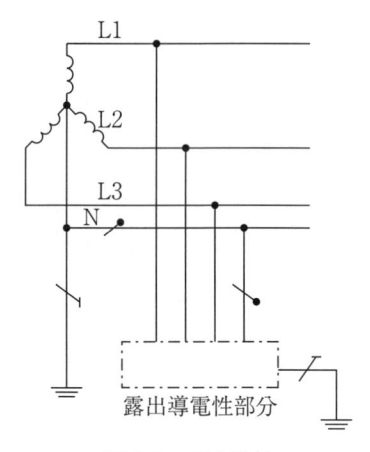

図 3.5　TT 系統

■ TN-C-S 系統(**図 3.4** 参照)
■ TT 系統(**図 3.5** 参照)
■ IT 系統(**図 3.6** 参照)
■ 日本の 200 V 級接地系統(**図 3.7** 参照)

図 3.7 は，日本の接地系統であるが，保護を目的に S 相を接地している．こ

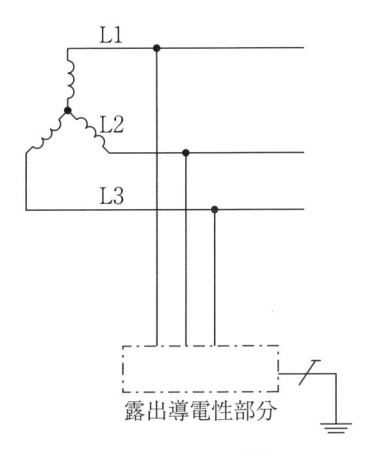

図 3.6　IT 系統

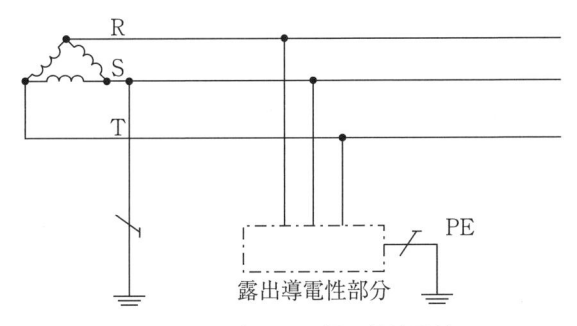

図 3.7　日本 200 V 級の接地系統

の場合，S 相は充電導体，中性導体，または保護導体なのかが問われる．充電導体と保護導体が一体となることにより，保護ボンディング回路として接触可能となることは許されない．これを TT 系統とする場合，電源部の接地と露出導電性部分の接地が完全に分離できている場合のシステムが要求されるため，その適用を検討しなければならない．例えば，アメリカは，スター結線であっても TT 系統を認めていない (IEC 60204-1：2009 のまえがき FORWORD を参照)．これは，本書 3.1 節「等電位ボンディング」が関連する．等電位ボンディングを考察する場合，わが国のデルタ結線 S 相接地が人の保護が可能か

どうかを検討する余地がある．IEC/TC 64 の専門家は，これを中性導体がないTN系統であると報告している．

また，保護ボンディング導体には，開閉装置も過電流保護装置も設けてはならないとあるため，日本のサーマルリレーは2素子を標準としていたのであろうか．仮にそうであるなら，サーキットブレーカも2素子で済むのかもしれない．これについては，本書5.1節「動力回路の過電流保護」及び5.3節「モータの過負荷保護」で触れることとする．次に，接地関連の用語の定義を**表3.4**にまとめる．

表3.4 用語の定義

用　語	定　義
露出導電性部分 (exposed conductive part)	通常は充電部ではなく触れてもよいが，障害時に充電部となり得る電気装置の導電性部分
外部導電性部分 (extraneous conductive part)	電気設備の一部を構成するものではない部分で，接地電位となる導電性部分
等電位ボンディング (equipotential bonding)	露出導電性部分と外部導電性部分とを等電位に保つ電気的接続 これにより等電位の達成を意図した，導電性部分間の電気的接続
機能ボンディング (functional bonding)	電気装置が正常に機能するために必要な等電位ボンディング
保護ボンディング (protective bonding)	感電保護のための等電位ボンディング
保護ボンディング回路 (protective bonding circuit)	絶縁故障時の感電保護のために，保護導体と導電性部分の電気的接続
保護導体 (protective conductor)	感電保護のために，次の部分を電気的に接続する保護ボンディング用の導体
	―露出導電性部分
	―外部導電性部分
	―主接地端子(PE)

3.1 等電位ボンディング（IEC 60204-1 8.1項）

等電位ボンディングとは，意図して等電位となるように導電部間を電気的に接続することである．ここで，「等電位ボンディング」及び「接地」が同じ役割として接地設計を行われるのかを検討する（**図3.8**参照）．

等電位ボンディングは，「地絡事故による誤動作防止」，「感電保護」，及び「EMC」対策を主な役割とし，電位差による危険を回避するために，等電位ボンディングを行う（**図3.9**参照）．

また，等電位ボンディングには，「保護ボンディング」及び「機能ボンディング」がある．電気設計では，意図する系における保護ボンディング及び機能ボンディングの目的が異なることから，その混在が問題となる．

- 保護ボンディング → 間接接触による感電に対する保護（感電防止）
- 機能ボンディング → 地絡事故による誤動作，接地間の電位差，電磁妨害，接地導体の過度現象，及び静電気放電に対する保護

また，各ボンディングには，系統接地及び機器接地がある．系統接地は保護

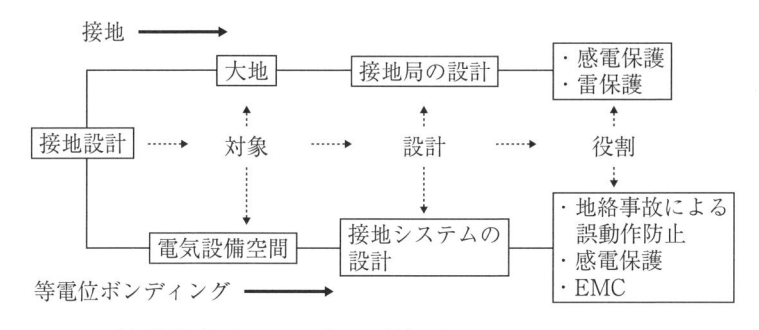

- 電気設備空間における「つなぎ」である．
- 危険な接触電圧を低減するために電位を等しくする．
- 接触電圧を低減することで安全（許容レベル以下）に対応する．

図3.8　接地設計の役割

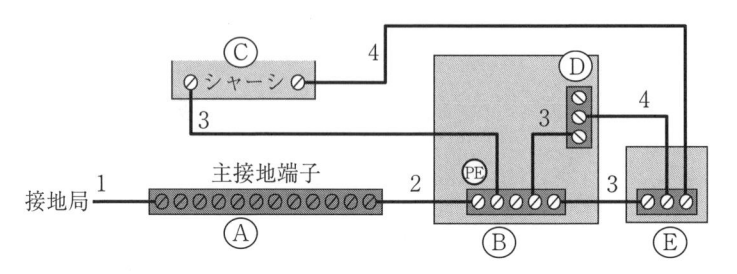

1. 接地線：接地局から主接地端子までの導体
2. 保護導体(PE)：主接地端子，エンクロージャ，電源の接続
3. 主等電位ボンディング用導体：主等電位ボンディングを保証するための保護導体
4. 追加的等電位ボンディング用導体：補助等電位ボンディングを保証するための保護導体(系統外のみ)
A. 主接地端子：接地線と保護導体を中継する端子
B. 制御機器のエンクロージャ：金属製外箱で，地絡事故等の故障時に充電部となる
C. シャーシ：金属製工作物
D. 電気的接続目的としたターミナル
E. その他の制御機器(操作盤など)

図 3.9 等電位ボンディングの構成

ボンディング及び機能ボンディングを対象とし，機器接地は保護ボンディングを対象としている．

次に，良い配線例と悪い配線例について述べる．

■良い配線例1(**図 3.10** 参照)

■良い配線例2(**図 3.11** 参照)

■悪い配線例1(**図 3.12** 参照)

■悪い配線例2(**図 3.13** 参照)

悪い配線例では，保護ボンディング(機器接地)と機能ボンディング(系統接地)が混在し，さらに渡り配線となっている．渡り配線の注意点は，次の3.2節を参照されたい．

a：機器接地
b：系統接地

図 3.10　良い配線例(1)

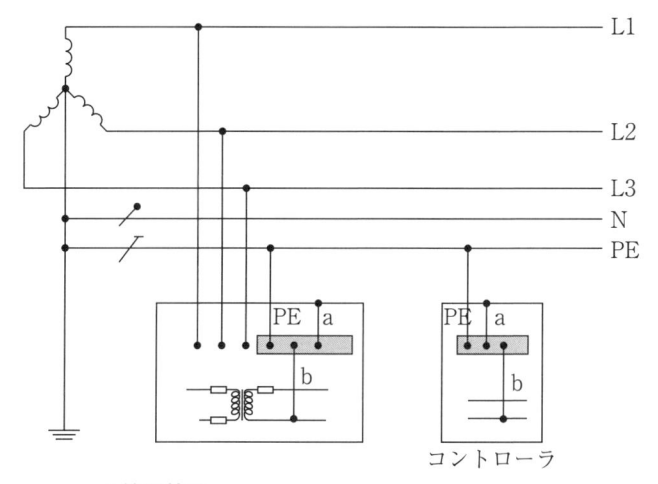

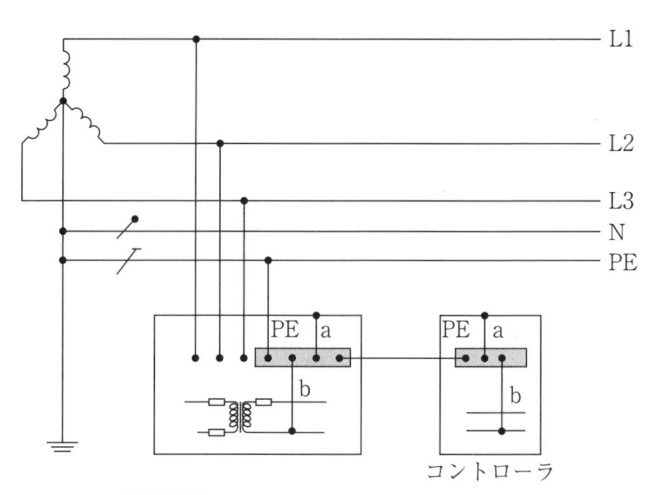

a：機器接地
b：系統接地

図 3.11　良い配線例(2)

a：機器接地
b：系統接地

図 3.12　悪い配線例(1)

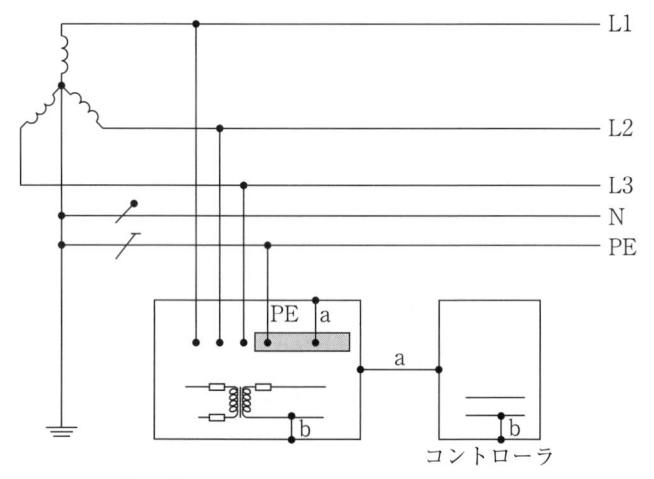

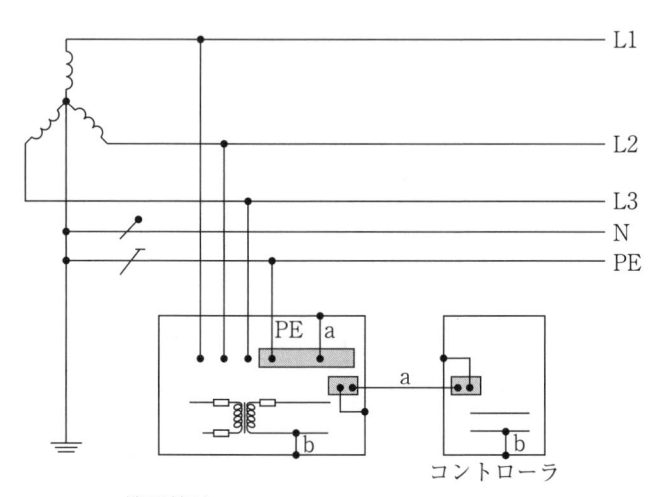

a：機器接地
b：系統接地

図 3.13　悪い配線例(2)

3.2 保護ボンディング(IEC 60204-1 8.2項)

　保護ボンディングとは，感電に対する保護を目的とする等電位ボンディングであり，絶縁故障発生時の感電に対する保護を目的とした結合である．保護ボンディングは，それぞれの制御機器において電源の自動遮断(図2.1参照)を有効にするために必要となる．露出導電性部分に接続した保護導体が，電気装置や構造部の導通性を下回る場合，追加的ボンディングが必要となる．追加的ボンディング導体は，保護導体の1/2以上の断面積を持たなければならない．保護ボンディング回路の接続及び導通性として，次の内容を確認する．

—露出導電性部分は，すべて保護ボンディング回路に接続しなければならない．

—ClassII(二重絶縁)の制御機器は，保護ボンディング回路に接続する必要はない．

—電気的分離による保護を採用している場合，人体に流れる系をなくすことを基本としていることから，保護ボンディング回路に接続してはならない．

—金属コンジットや金属ケーブルシースは，保護ボンディング回路に接続しなければならない．ただし，保護導体として使用してはならない．

—エンクロージャは，そのベースに対し，カバーやドアの保護ボンディング回路の導通性が要求される．カバーやドアに制御機器が装着されている場合は，保護ボンディング回路の接続が必須である．

—渡り配線禁止．保全などで，ある部分が取り外された場合や断線した場合，残りの部分の導通性が失われてはならない．

—保護ボンディング回路には，開閉装置や過電流保護装置を設けてはならない．また，保護ボンディング導体には，中断する手段を設けてはならない．仕方なく設ける必要がある場合は，充電導体に対し，先入り遅切りの接点により中断すること．

—保護導体の接続点には，⏚の記号を使用して識別する．

また，ボンディング導体の接続に関し，評価が優れている順を次に示す．
① 溶接(全周囲)
② バンドクランプ(全周囲)
③ スポット溶接
④ リベット締め
⑤ ネジ・ボルト

(1) 移動機械の保護ボンディング(IEC 60204-1 8.2.7項)

移動機械の感電に対する保護として，保護ボンディングを検討しなければならない．電気装置の導電構造部及び構造を形成する外部導電部，そして保護導体は，すべて保護ボンディング端子に接続しなければならない．ただし，電源を内臓している場合は，外部保護導体の接続は不要であるが，感電に対するリスクアセスメントから残存リスクの情報提示をしなければならない(図3.14参照)．

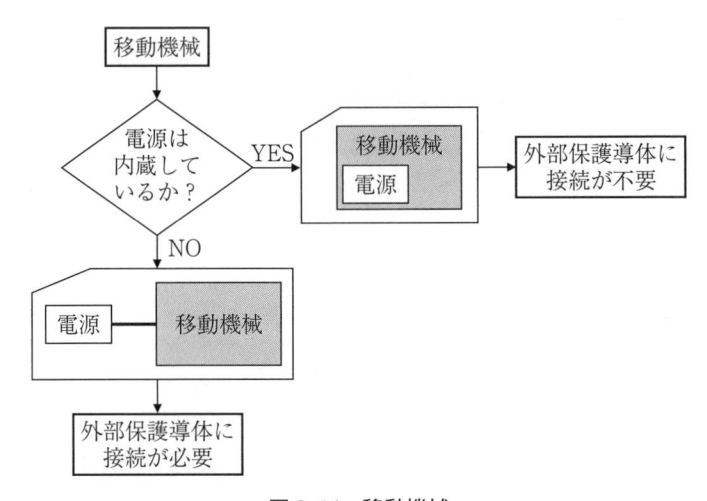

図3.14 移動機械

（2） 漏洩電流 10mA 超えに対する保護ボンディング（IEC 60204-1 8.2.8 項）

10 mA を超える漏電電流を持つ制御機器は，**図 3.15** に示す①から③の措置の 1 つ以上で対策しなければならない．

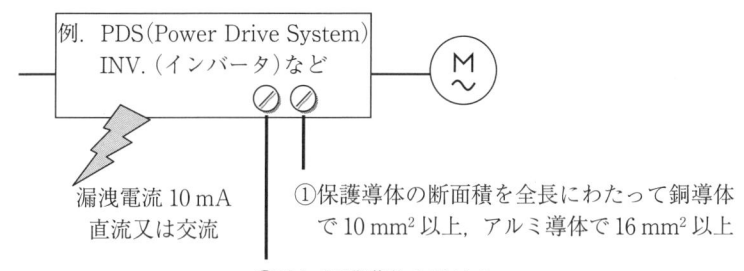

```
例．PDS（Power Drive System）
    INV.（インバータ）など
```

漏洩電流 10 mA
直流又は交流

①保護導体の断面積を全長にわたって銅導体で 10 mm² 以上，アルミ導体で 16 mm² 以上

②追加保護導体を設ける
- 追加の保護導体は，相導体と同じ断面積以上
- 独立した2つ目の保護導体用端子を設ける必要がある場合もある

③保護導体の導通性を喪失した場合の電源の自動遮断

図 3.15　漏洩電流 10 mA 超えの対策

3.3　機能ボンディング（IEC 60204-1　8.3 項）

機能ボンディングとは，電気機器が適切に機能するために必要な等電位ボンディングである．この機能ボンディングは，電磁妨害及び絶縁故障による機能不全の対策である．例えば，制御回路の地絡が「予期しない起動」や「危険な運動」を引き起こすことがあってはならず，また，機械の停止を妨げてはならない．絶縁故障の結果，地絡事故などにより生じる誤動作を防止するための回路構成と機能ボンディングが要求される．この対策については，本書 6.1 節の(4)項「故障時のリスク低減」で解説する．

第4章
電源回路

図 4.1 は，IEC 60204-1 の「5 入力電源導体の接続，及び遮断/断路用機器」をブロック図にしたものである．

図 4.2 は，IEC 60204-1 の「7 装置の保護」をブロック図にしたものである．

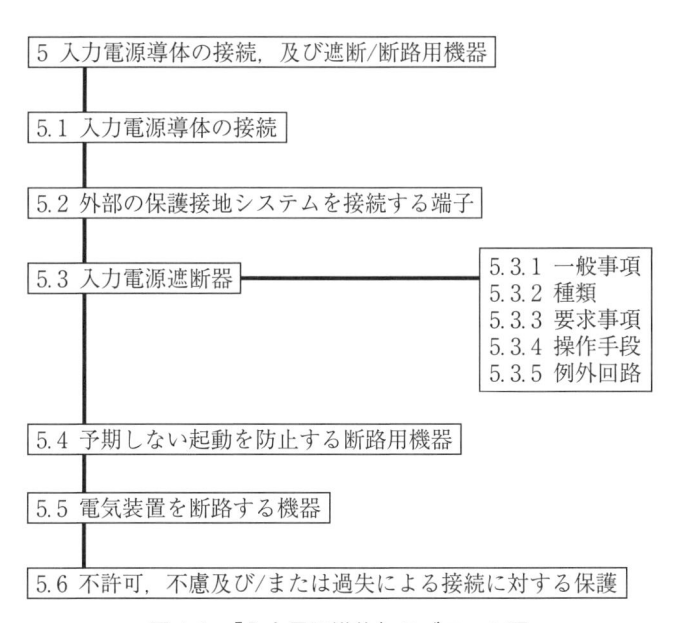

```
5 入力電源導体の接続，及び遮断/断路用機器
   │
   ├─ 5.1 入力電源導体の接続
   │
   ├─ 5.2 外部の保護接地システムを接続する端子
   │
   ├─ 5.3 入力電源遮断器 ─── 5.3.1 一般事項
   │                         5.3.2 種類
   │                         5.3.3 要求事項
   │                         5.3.4 操作手段
   │                         5.3.5 例外回路
   │
   ├─ 5.4 予期しない起動を防止する断路用機器
   │
   ├─ 5.5 電気装置を断路する機器
   │
   └─ 5.6 不許可，不慮及び/または過失による接続に対する保護
```

図 4.1 「入力電源導体」のブロック図

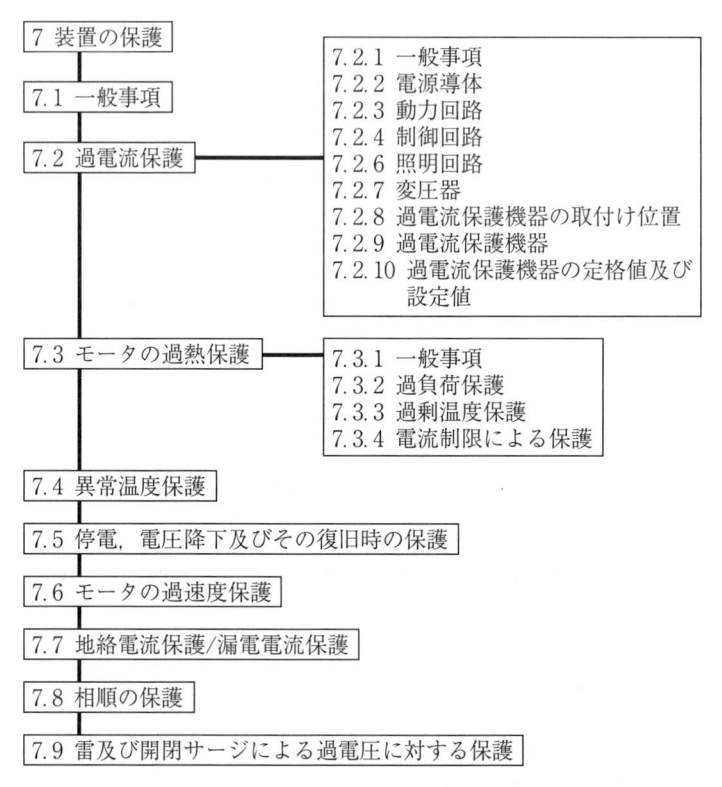

```
7 装置の保護
7.1 一般事項
7.2 過電流保護 ─┬─ 7.2.1 一般事項
               │  7.2.2 電源導体
               │  7.2.3 動力回路
               │  7.2.4 制御回路
               │  7.2.6 照明回路
               │  7.2.7 変圧器
               │  7.2.8 過電流保護機器の取付け位置
               │  7.2.9 過電流保護機器
               │  7.2.10 過電流保護機器の定格値及び
               │         設定値
7.3 モータの過熱保護 ─┬─ 7.3.1 一般事項
                     │  7.3.2 過負荷保護
                     │  7.3.3 過剰温度保護
                     │  7.3.4 電流制限による保護
7.4 異常温度保護
7.5 停電，電圧降下及びその復旧時の保護
7.6 モータの過速度保護
7.7 地絡電流保護/漏電電流保護
7.8 相順の保護
7.9 雷及び開閉サージによる過電圧に対する保護
```

図 4.2　「装置の保護」のブロック図

　図 4.3 は，IEC 60204-1 の「15 附属品及び照明」をブロック図にしたものである．

　電源回路という用語は国際規格には存在しないが，わが国の実務設計者が標準的に使用している用語として「電源回路」を使用する．また，Power circuit は，IEC 60204-1 の各要求事項を考察した場合「電力回路」とすべきであるが，一般的に使用される言葉を本書では使用し，「動力回路」とする．ここで，図 4.4 において，実務設計者が使用する「電源回路」，「動力回路」，及び「制御回路」を参考回路図上で識別する．IEC 60204-1 を理解し，知恵を出すためには，この識別が重要となる．

第4章 電源回路　43

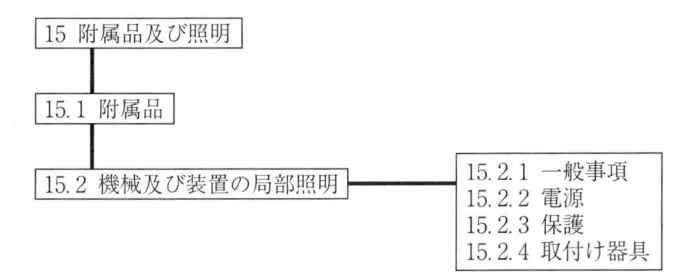

```
┌──────────────────┐
│ 15 附属品及び照明 │
└────────┬─────────┘
         │
┌────────┴─────────┐
│ 15.1 附属品       │
└────────┬─────────┘
         │
┌────────┴──────────────────┐    ┌──────────────────────┐
│ 15.2 機械及び装置の局部照明 │────│ 15.2.1 一般事項      │
└───────────────────────────┘    │ 15.2.2 電源          │
                                  │ 15.2.3 保護          │
                                  │ 15.2.4 取付け器具    │
                                  └──────────────────────┘
```

図 4.3 「附属品及び照明」のブロック図

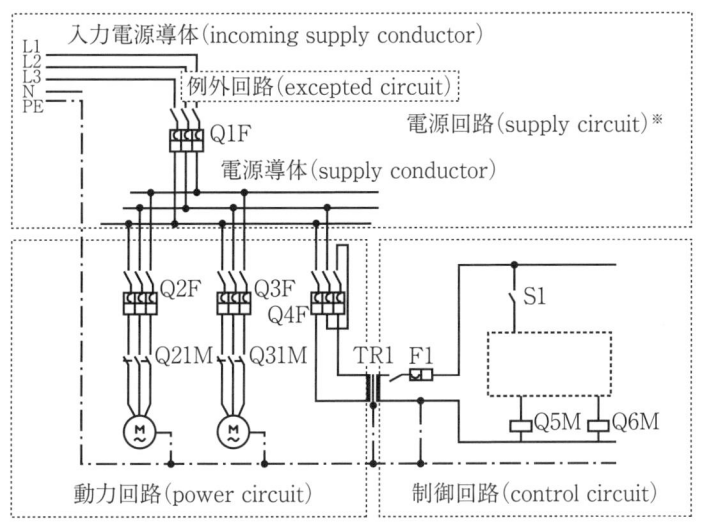

図 4.4 回路の識別

※電源回路は，IEC 60204-1 では使用されない用語である．

4.1　入力電源導体の接続（IEC 60204-1　5.1, 5.2 項）

　入力電源導体（図 4.4 参照）の接続は，可能な限り充電導体（L1-L2-L3）を主電源遮断器 Q1F の端子台に直接接続することが要求される．一般的には入力用端子台を設け，そこから主電源遮断器に配線されるケースが多いが，主電源

遮断器に直接接続することで接続部を減らし，故障の可能性を減少することである．この接続に関しても，わが国の標準である丸端子などは，電線の接続，及び端子の接続となり，接続部が2ヶ所となる．このことより，端子台にて受けた場合は端子部の一次側で2ヶ所，二次側で2ヶ所，及び主電源開閉器端子で2ヶ所となり，合計6ヶ所の接続点を持つこととなる．1ヶ所の接続要求を6ヶ所で接続する場合，6倍の故障率となる．したがって，故障の可能性が増大し，接続の信頼性を落とすこととなる．

また，中性導体は，Nのラベルをつけた端子台(絶縁端子)に接続しなければならない．設計段階では，仕向け先の電源系統を確認の上で設計されると考えるが，中性導体の有無に関係なく，中性導体用端子を設けておく設計が望ましい．保護接地導体は，外部からの保護導体の接続を目的とし，保護接地導体用の端子(以降，接地端子とする)を充電導体及び中性導体の端子台付近に設けなければならない．配線系統がTN-Sの場合を想定し，**図4.5**に入力電源導体の接続イメージを示す．

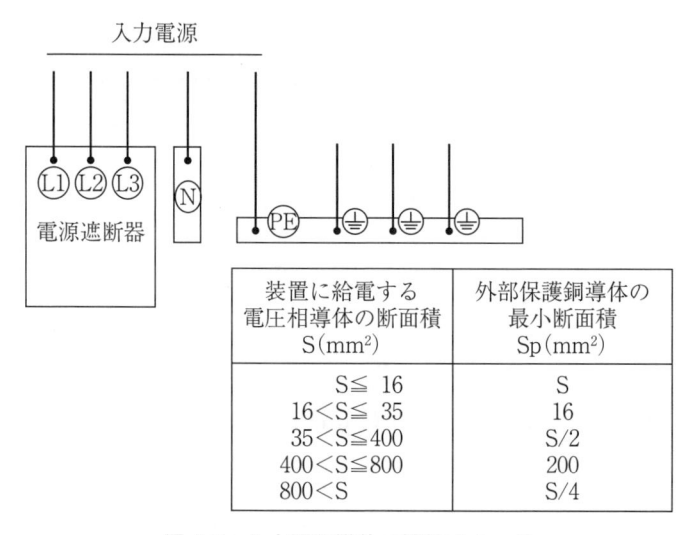

装置に給電する 電圧相導体の断面積 $S(mm^2)$	外部保護銅導体の 最小断面積 $Sp(mm^2)$
S≦ 16	S
16＜S≦ 35	16
35＜S≦400	S/2
400＜S≦800	200
800＜S	S/4

図 4.5　入力電源導体の接続イメージ

4.2 電源遮断器（IEC 60204-1 5.3 項）

IEC 60204-1 の「5.3 電源遮断（分離）機器（supply disconnecting（isolating）device）」は，本書では「電源遮断器」として説明する．ただし，日本の国家規格 JIS B 9960-1 では，「入力電源断路器」としている．これは，電源断路器に「入力」を追加して作ったものとする．なお，過電流及び過負荷のトリップ機構がない開閉器を本書では「断路用開閉器」とする．

（1）電源遮断器のタイプ

電源遮断器のタイプを次に示す．
— IEC 60947-2 に適合する MCCB（モールデッド ケース サーキット ブレーカ）
— IEC 60947-3 に適合する 断路用開閉器（ディスコネクトスイッチ）
— プラグ/コンセント（定格電流が 16 A 以下，全電力が 3 kw 以下の機械に適用）

電源遮断器には，MCCB（モールデッド サーキット ブレーカ），断路用開閉器（日本では，ナイフスイッチなど），及びプラグ/コンセントがある．IEC 60947-2 は，サーキット・ブレーカ（JIS C 8201-2 で使用されている用語）の国際規格であるが，ここでは，国際レベルの使用用語である「MCCB（モールデッド ケース サーキット ブレーカ）」とする．また，IEC 60947-3 断路用開閉器（JIS C 8201-3 で使用されている用語）であることから，本書では「断路用開閉器」を使用する．

次に，電源遮断器である MCCB 及び断路用開閉器を，図 4.6 に示す．

MCCB は，断路用開閉器にサーマルトリップ及び瞬時トリップをユニットとして装着したものである．サーマルトリップユニットは，熱電対式過電流引き外しユニットであり，過負荷保護を目的としている．瞬時トリップユニットは，電磁式過電流引き外しのユニットであり，過電流保護を目的としている．

```
        L1 L2 L3 N
         │  │  │ │
        ┌──┬──┬──┬──┐
        │  │  │  │  │   断路用開閉器
        └──┴──┴──┴──┘   IEC 60947-3
         │  │  │ │                    ┐
        ┌──┬──┬──┬──┐                 │
        │I>│I>│I>│  │  サーマルトリップ  ├ MCCB
        │  │  │  │  │  瞬時トリップ     │ IEC 60947-2
        └──┴──┴──┴──┘                 ┘
```

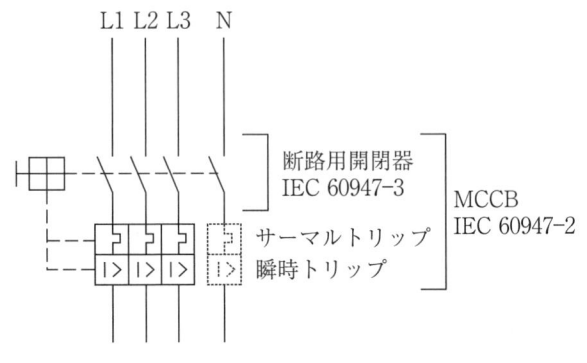

図 4.6 電源遮断器

　ここで，わが国には，断路用開閉器相当の機器が古くより存在する．「ナイフスイッチ（刃形スイッチ）」である．しかし，活線を断路することは考慮されていないために，音及びアークは驚くものである．このスイッチの開発条件は，死線状態の入り切りを想定したものである．

　断路用開閉器は，電気機器の保全などを目的として設置される場合がある．これは，IEC 60204-1 の 5.4 項，5.5 項及び 5.6 項の要求事項である．例えば，モータの手元スイッチがこの要求事項に該当する．この場合，わが国では「保護素子を取り外した NFB（ノーヒューズブレーカ）」，または「条件つきでナイフスイッチ」のどちらかを使用していた．

（2）　電源遮断器の設置

　電源遮断器は，図 4.4 の Q1F である．機械の電気装置は，入力電源に対して電源遮断器の設置が必須である．2 系統の異なる電源で制御する必要がある場合，電源遮断器を入力電源ごとに設置しなければならない．ただし，この 2 つの電源遮断器は，1 つの外部操作ハンドルで両方を同時に ON-OFF できるように，機械的インタロックが設けられていなければならない．

　残念ながら，わが国の電源遮断器であるサーキットブレーカには，機械的インタロックをオプションとして準備したものが存在しない．外部操作ハンドル

に関しては，日本メーカーが開発した歴史は約15年程度である．日本国内向け設備では，外部操作ハンドルの需要が少なかったため，仕方がないことであるが，実際の現場では，離れた場所からの電源投入により，感電しているケースが少なくない．

外部操作ハンドルは，1964年に発行されたIEC 204-1 第1版(表1(p.2)参照)で要求された標準(規格)である．その当時，IECの幹事国は日本が務めていた．また，第II部の第13章，第14章及び第25章を参照されたい．

(3) 電源遮断器の要求事項

電源遮断器は，次のすべてを満足すること．ただし，プラグ/コンセントは含まない．

— 1つのOFF，1つのON位置を持つ
— OFF位置を記号 "0"，ON位置を "I" で表記
— OFF位置でロック可能(通常，3つの南京錠がかけられること)
— 電源回路のすべての活線を遮断できる[※1]
— 全定格電流を遮断できる容量を有する
— 推定短絡電流を遮断できる
— 外部操作ハンドルで操作でき，そのハンドルは黒色または灰色である
— 電源遮断器に非常停止機能を持たせる場合，ハンドルは黄色ベースで，アクチュエータは赤色である
— 操作手段は，作業面から600 mm以上1900 mm(推奨は1700 mm)以下の，容易に手が届く場所に設置する．なお，操作手段を図4.7に示す．

※1　電源回路のすべての活線を遮断することが要求されているが，保護導体は活線を対象としているため，当然のことながら含まれない．また，中性導体はTN系統の配電方式では遮断しなくてもよい．しかし，フランス及びノルウェーでは，中性導体の遮断を義務づけている．

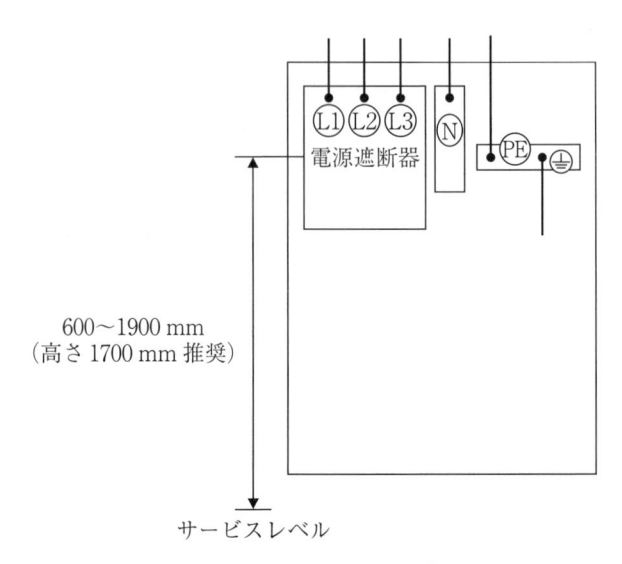

図4.7 電源遮断器の操作手段

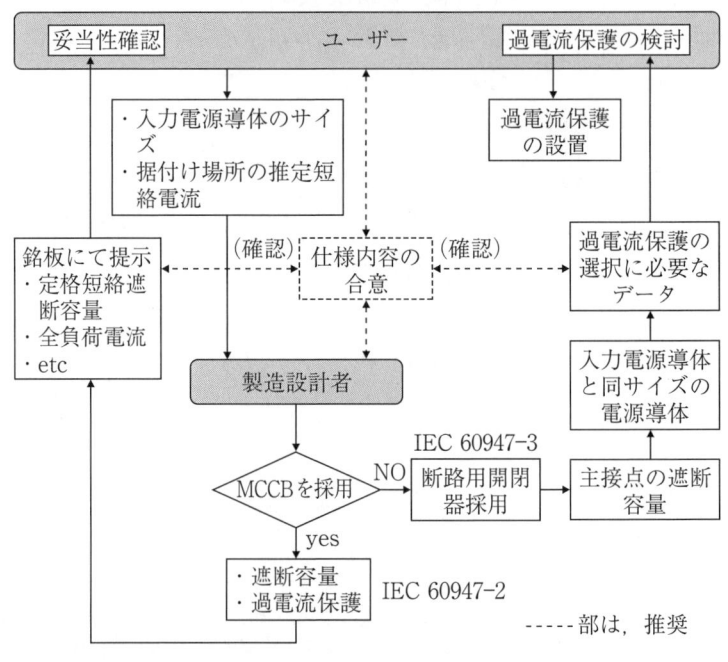

図4.8 電源遮断器の選択

（4）電源遮断器の選択（IEC 60204-1 7.2.2項）

電気装置の製造設計者は，入力部に電源遮断器 Q1F（図 4.4 参照）を設けなければならないが，ユーザーの指定がない限り，電源導体（図 4.4 参照）の過電流保護（過負荷を含む）を目的に MCCB を設ける必要はない．電源遮断器の過電流保護は，製造設計者とユーザーとの合意の上で決定する．この合意の目的は，過電流保護を機械側に設けるか，もしくは，過電流保護をユーザー側の責任において，配電系（機械の製造設計者側から見れば，図 4.4 の入力電源導体）に設けるかを決定するものである．電源遮断器の選択を，**図 4.8** に示す．

電源遮断器（MCCB または断路用開閉器）を選択する場合，その設置点での推定短絡電流に耐える遮断性能を有していなければならない．

4.3 電源回路の過電流保護

本書の表 1.1（p.7）に示した危険源として，動力回路の故障または障害があり，その多くの要因としてあげられるのが過電流である．過電流とは，短定格電流を含む定格電流に対する過度の電流容量を総称した用語である．主な過電流を示す．

― 短絡による過電流
― 導体の電流容量（定格値）を超える過電流
― 電流容量（定格値）を超える過電流

電源回路（図 4.4 参照）の各充電導体（L1 相，L2 相，L3 相）には，過電流を検出してこれを遮断する過電流保護（図 4.6 参照）を設けなければならない．

中性導体を使用する場合，中性導体 N 相は，基本的には過電流保護が不要であるが，導体の断面積（例えば，充電導体より細い場合）により，過電流検出が必要になる場合がある．

■N 相（中性導体）が L 相（充電導体）と断面積が同等以上の場合
　― 過電流保護器は設けない

—遮断器は設けない

■N 相(中性導体)がL 相(充電導体)の断面積より小さい場合

　—N 相には断面積に応じた過電流保護器を設ける

　—しかし，N 相を遮断する必要はない(IEC 60364-4-43 431.2項を参照)

なお，次の導体は，それに関連する充電導体が遮断する前に遮断してはならない．

　—交流電源回路の中性導体

　—直流電源回路の接地側導体

　—移動機械の露出導体にボンディングされた直流電源回路の導体

(1) 短絡電流

　三相交流回路の短絡電流は，ドイツの国家規格である VDE 0102/DIN 57102 Part 2(三相システムの短絡電流計算)により，パーセントインピーダンス法による計算が行われている．

■短絡回路の合成インピーダンス Z は，レジスタンス R 及びリアクタンス X から求められる．

$$Z=\sqrt{R^2+X^2}$$

■短絡電流(交流分初期値) I_K は，次式で与えられる(U は，電圧である．)．

$$I_K=\frac{U}{\sqrt{3}\cdot Z}$$

■電気機器の力率は，次式で与えられる．

$$\cos\varphi=\frac{R}{Z}$$

　ここで求められた力率から，VDE 0102 の表に基づき直流分係数 X が求められる．

■短絡電流(ピーク値) I_S は，次式で与えられる．

$$I_S=x\cdot\sqrt{2}\cdot I_K$$

　短絡電流 I_S は，2つの要素(第一波の交流分初期値 I_K 及び電気機器の力率)

により，あらゆるストレスを想定した計算値となる．ここで計算された推定短絡電流に基づき，電源遮断器を選定しなければならない．電源遮断器は，この推定短絡電流に耐えられない遮断性能を選択した場合に破裂する可能性がある．ドイツから送られてきたフィルムでは，板厚 2.5 mm の MCC（モータコントロールセンタ）が，短絡による破裂で跡形もない状態となる映像が写されていた．まるでダンボール箱を思わせるようであった．

また，アメリカ/シカゴ広報電気規格である JIC（Joint Industrial Council）では，制御盤の上面に孔を開け，フタをする要求があった．これは，内部で短絡電流による圧力がかかった場合，上面に弱い箇所を設けることで破裂箇所を上面に限定し，周囲の作業員に影響を与えないようにするためである．

4.4　例外回路（IEC 60204-1　5.3.5, 15.1, 15.2 項）

例外回路は，図 4.4 に示した電源遮断器 Q1F の一次側に設ける回路である．例外回路となる主な対象を次に示す．
　—照明回路（メンテナンス用）
　—電動工具に用いるコンセント回路（メンテナンス用）
　—不足電圧保護回路（電源故障時の自動トリップ専用）
　—正常動作を目的に継続給電が必要な回路（ヒータ，プログラム記憶装置，温度制御測定器など）
　—インターロック用の制御回路

例外回路には，この回路専用に電源遮断器を備える必要がある．しかし，専用の電源遮断器の設置が困難な場合，保守マニュアルに記載する．なお，追加措置として，警告ラベル，他の回路からの分離，またはオレンジ色の導体のいずれかを使用しなければならない．

例外回路の対象となる照明回路は，盤内照明を対象としており，制御盤のドア開放時のメンテナンスを対象としている．また，コンセント回路は，制御盤のドア開放状態で，電動工具などの電源を盤内部から得られるように接続可能

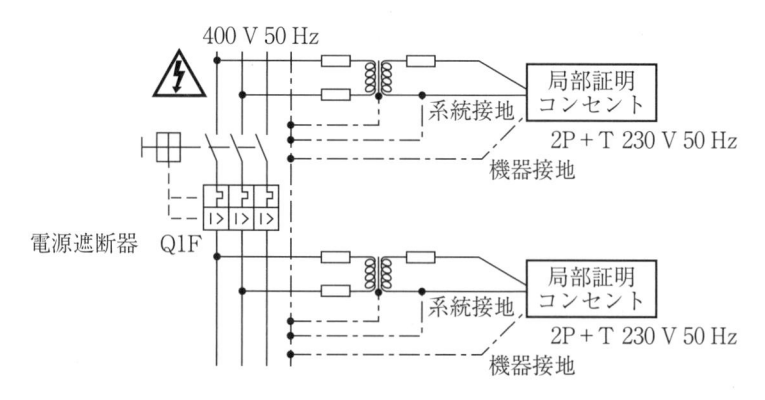

```
                    400 V 50 Hz
                         局部証明
                         コンセント
                      系統接地
                         2P＋T 230 V 50 Hz
                      機器接地

電源遮断器  Q1F
                         局部証明
                         コンセント
                      系統接地
                         2P＋T 230 V 50 Hz
                      機器接地
```

図 4.9　例外回路

とするものである．例外回路を適用しないで盤内照明の点灯及びコンセントを接続する場合は，活線作業となる（**図 4.9** 参照）．

　図 4.9 は，照明回路及びコンセント回路を回路図で示したものであり，電源遮断器 Q1F（図 4.9 は MCCB で示す）の一次側への接続が例外回路である．この場合，電線はオレンジ色であり，警告ラベルが貼られている．しかし，電源遮断器 Q1F の二次側へ接続された回路の電線は黒色であり，警告ラベルもないことから，活線作業を標準とすることとなる．これは，わが国固有の標準でもあるかもしれない．

4.5　過電圧保護，停電及び電圧降下（IEC 60204-1　7.5 項）

（1）　過電圧保護

　過電圧保護の対象は雷及び開閉サージであり，この要求は IEC 60204-1 の 7.9 項で規定されている．ただし，これは注意の喚起にしかすぎないため，本書で補うこととする．雷電流は，避雷針による回避が不可能であった場合に直接電気回路に流れ込むと，その過電圧から電気，電子機器を破壊する．この過電圧に対する保護は，ドイツの国家規格である DIN VDE 0100-443 が参考となる．また，ドイツ保険業務総合連合会の Vds 2031（電気設備の雷及び過電圧

保護)などがある．国際規格では，IEC 61024：1994(建築物等の雷保護)が参考となる．また，開閉サージに関しては，IEC 61643-1(低圧配電システムに接続するサージ防護デバイスの性能及び試験)が参考となる．これには，サージ防護デバイス(SPD)について記載されている．

（2） 停電及び電圧降下

停電及び電圧降下により危険状態となる場合は，電源遮断を要求している．ここでは，その復旧時に起きる予期しない再起動が問題となる．停電だけを取り上げる場合は，電磁接触器の自己保持回路により，復旧後の再起動は免れる．しかし，電圧降下の場合は電磁接触器のチャタリングなどにより，最悪の場合は発火するかもしれない．現在の IEC 60204 で要求している電源遮断は，不足電圧保護回路の設置である．図 4.10 に示すように，不足電圧保護回路はMCCB(Q1F)に不足電圧トリップ・コイル U< を装着し，対応するものである．

ここで注意しなければならない MCCB(Q1F)の補助接点①は，主接点よりも"先入れ"でなければならない．U< に電圧が印加しなければ，MCCB を ON にすることが不可能である．"先入れ補助接点"が準備されていない MCCB は，不足電圧保護回路を構成することができない．これについては，必ず電気機器メーカーに問合せ，確認及び検討しなければならないことに注意する．

電源遮断が機械の停止制御を妨げる場合は，遅延形不足電圧保護の採用が望まれる．本書では，「電圧降下」とするが，JIS B 9960-1 では「電圧低下」としている．わが国では電圧低下保護装置が販売されているが，電圧低下により制御機能に影響を与えないことを目的とした機器である．IEC 60204-1 の 9.4.3.2 項に記載されている「制御シス

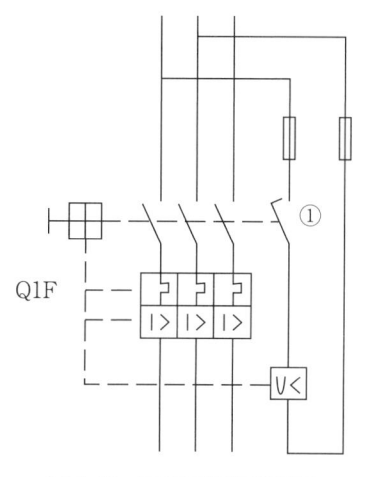

図 4.10　不足電圧保護回路

テムにメモリ機器を用いる場合には，停電時にメモリを保護する機能を確保し，危険状態を招くようなメモリ喪失を防止しなければならない」に対応するものが，電圧低下保護装置である．しかし，電源遮断時の「安全性重視」及び「予期しない再起動」への対応ではない．これは，電子機器のソフトウエアなどの破損を対象とする保護装置であり，「生産性重視」及び「再起動の確実性」への対応であることを理解しなければならない．電気設計者は，IEC 60204-1 の要求事項を確認したうえで，採用を検討しなければならない．

第5章
動力回路及び機器の保護

図 5.1 は，IEC 60204-1 の「7 装置の保護」をブロック図にしたものである．

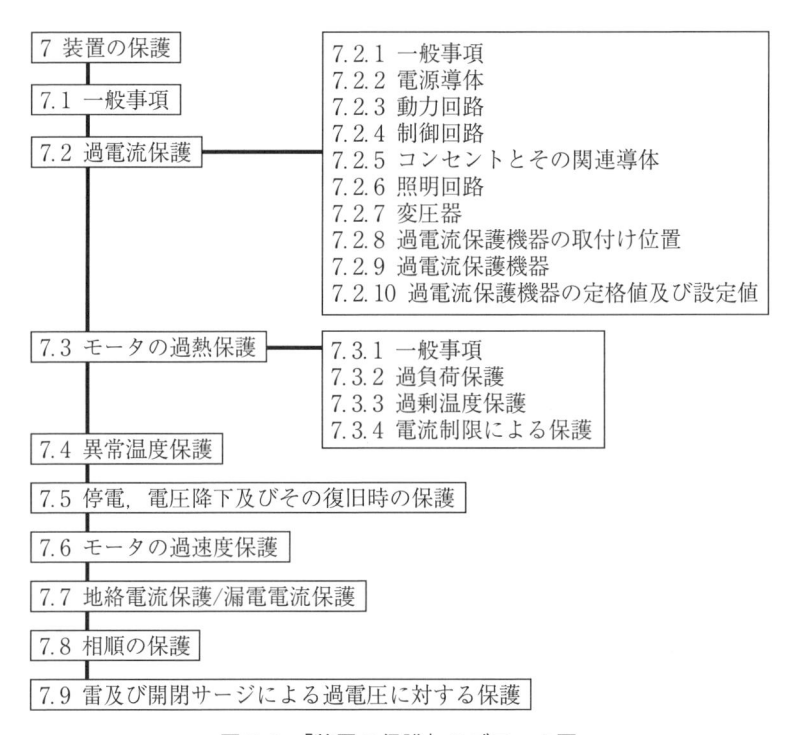

```
7 装置の保護
├ 7.1 一般事項
├ 7.2 過電流保護 ─── 7.2.1 一般事項
│                    7.2.2 電源導体
│                    7.2.3 動力回路
│                    7.2.4 制御回路
│                    7.2.5 コンセントとその関連導体
│                    7.2.6 照明回路
│                    7.2.7 変圧器
│                    7.2.8 過電流保護機器の取付け位置
│                    7.2.9 過電流保護機器
│                    7.2.10 過電流保護機器の定格値及び設定値
├ 7.3 モータの過熱保護 ─── 7.3.1 一般事項
│                          7.3.2 過負荷保護
│                          7.3.3 過剰温度保護
│                          7.3.4 電流制限による保護
├ 7.4 異常温度保護
├ 7.5 停電，電圧降下及びその復旧時の保護
├ 7.6 モータの過速度保護
├ 7.7 地絡電流保護/漏電電流保護
├ 7.8 相順の保護
└ 7.9 雷及び開閉サージによる過電圧に対する保護
```

図 5.1 「装置の保護」のブロック図

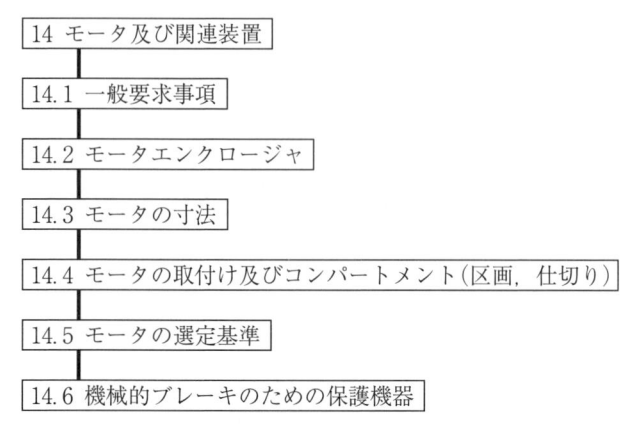

```
┌─────────────────────────┐
│ 14 モータ及び関連装置    │
└─────────────────────────┘
         │
┌─────────────────────────┐
│ 14.1 一般要求事項        │
└─────────────────────────┘
         │
┌─────────────────────────┐
│ 14.2 モータエンクロージャ │
└─────────────────────────┘
         │
┌─────────────────────────┐
│ 14.3 モータの寸法        │
└─────────────────────────┘
         │
┌──────────────────────────────────────────────┐
│ 14.4 モータの取付け及びコンパートメント(区画,仕切り) │
└──────────────────────────────────────────────┘
         │
┌─────────────────────────┐
│ 14.5 モータの選定基準    │
└─────────────────────────┘
         │
┌────────────────────────────────┐
│ 14.6 機械的ブレーキのための保護機器 │
└────────────────────────────────┘
```

図 5.2 「モータ及び関連装置」のブロック図

図 5.2 は，IEC 60204-1 の「14 モータ及び関連装置」をブロック図にしたものである．

5.1 動力回路の過電流保護(IEC 60204-1　7.1, 7.2.3 項)

動力回路の主な過電流を示す．
―短絡による過電流
―モータ及び変圧器の起動時の過電流
―電磁接触器の電流容量(定格値)を超える過電流

(1) 短絡による過電流(IEC 60204-1　7.1, 7.2, 7.2.9 項)

過電流保護機器は，図 5.3 に示す設置点において推定される短絡電流以上の遮断性能を有していなければならない．
注意点を次に示す．
―過電流保護機器の遮断容量は設置点で推定される短絡電流以上
―過電流保護機器の選択遮断協調
―トリップ(引き外し)した場合の影響によるリスクを減少させるための設計

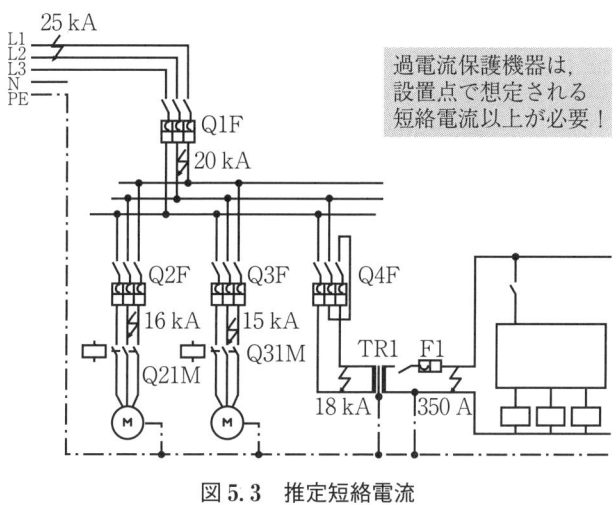

第5章　動力回路及び機器の保護　57

図5.3　推定短絡電流

　推定短絡電流を，図5.3に示す．
　ここで，過電流保護機器は，電源回路のQ1Fであり，動力回路にQ2F，Q3F，Q4Fである．Q1FはMCCB（モールデッドケースサーキットブレーカ）を選択し，Q2FとQ3Fはモータ保護用サーキットブレーカ（モータスタータ），及びQ4Fは変圧器保護用サーキットブレーカを選択するものとする．これら過電流保護機器の遮断特性の協調は，電気装置関連の危険源である短絡電流（short-circuit current）による影響を推定し，選択される過電流保護装置の遮断協調特性から設計しなければならない．短絡事故による危険源として，次の影響が考えられる．
　―過電流保護機器の遮断容量不足による火災や破裂による影響
　―保護協調の対応不足による他の機械や装置の機能への影響
　―電磁接触器の主接点溶着による機械アクチュエータの停止不能による影響
　過電流保護機器は，遮断性能を把握して設計しなければならない．遮断性能は，過電流保護機器であるMCCB，モータスタータ，及び変圧器保護用サーキットブレーカの遮断容量により決定される．図5.3に示したように，モータスタータ（Q2F，Q3F），及び変圧器保護用サーキットブレーカ（Q4F）の遮断容

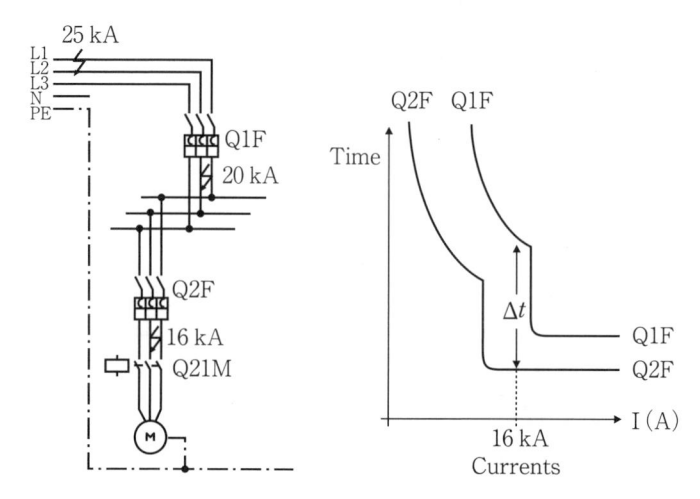

図 5.4　選択遮断協調

量は，その電源遮断器 Q1F に MCCB を採用した場合，その遮断容量より小さくてもよい．

この場合，直列となる 2 つの過電流保護機器(例えば，Q1F と Q2F)の通過エネルギー($I^2 \cdot t$)が，負荷側の導体及び開閉機器(Q21M 電磁接触器)を損傷しない範囲内になるように，この 2 つの過電流保護機器の遮断特性の保護協調を設計しなければならない．Q1F に MCCB を採用した場合の Q2F との選択遮断協調を，**図 5.4** に示す．

図 5.4 に示す遮断特性曲線の Δt が重要となる．Δt の時間を，次に示す．

$$\Delta t \geq 50 \text{ msec}$$

この 50 msec は，周波数 50 Hz の場合に 2.5 波の位相のズレが必要であるということである．Δt が 50 msec 未満の場合，Q2F よりも先に Q1F が Trip することとなり，Q2F 以外の分岐回路への電源供給がなくなることから，リスクアセスメントでは想定されなかった危険源を誘発する可能性がある．わが国の産業機械の電気設計では，短絡電流を推定した設計が行われていることは多

くない．しかし，わが国の建設会社の電気設計は，対数グラフを用いて（カスケード）遮断特性を確認する設計が標準となっている．建設会社は，短絡事故による配電盤及び制御盤の破裂を経験しているのである．

アメリカでは，2005年に全米電気設備基準であるNEC/NFPA 70 Article 409において「SCCR(Short-Circuit Current Rating)」の要求が浮上した．制御盤のSCCR(定格短絡電流)値の記載規定である．これは，UL 508A, "Standard for Industrial Control Panels," 及びNFPA 79, "Electrical Standard for Industrial Machinery" をカバーしたものである．この制御盤のSCCR値は，電源回路及び動力回路に採用した機器の一番低いSCCR値であるという考えである．これは，短絡電流を推定し，開閉機器及び接続機器が推定短絡電流に耐える事が可能である選定が要求されている．さらに，統合としてシステム全体での設計された定格短絡電流(SCCR)を制御盤の銘板に表示することを要求している．

従来，電源回路から動力回路に使用する過電流保護機器は，NEC/NFPA 70においてヒューズまたはMCCBとなっていたが，NEC/NFPA 70 Article 430では，グループプロテクションの要求に対応できれば，モータスタータの使用が可能となっている．したがって，MCCB及びモータスタータの遮断協調，及びモータスタータと電磁接触器の型式協調を明確に評価できれば，問題とするレベルではない．

ヒューズの採用を標準とする国では，SCCRの定義が必要であったといえるが，MCCBを標準採用とする国では，大きな問題ではないはずである．しかし，わが国はMCCBを標準採用とする国であると考えるが，アメリカの影響を受け，問題とする設計者が増えている．今頃になって問題とする理由は，短絡電流に対する設計を行ってこなかったことにある．

また，ヒューズの国アメリカでは，NEMA(National Electrical Manufacturers Association)が，1984年にNEMA AB 3-1984 MOLEDED CASE CIRCUIT BREAKERS AND THEIR APPLICATIONを発行している．この規格は，MCCBの要求から遮断協調までをカバーし，次の規格を参考としている．

- IEC 157-1-1973(国際)
- VDE 0660-1982(ドイツ)
- BS 3871-1965(イギリス)
- AS 2184-1980(オーストラリア)
- CSA 22.2#5-1963(カナダ)
- ANSI/NFPA 70-1984(アメリカ)
- ANSI/NFPA 70B-1983(アメリカ)
- ANSI/NFPA 70E-1983(アメリカ)
- UL 489-1980(アメリカ)
- MIL-C-17361D-1977(アメリカ)

ここに参考として記載した規格の名称は，すべて MCCB(Moleded Case Circuit Breakers)である．ただし，IEC 157-1(現在の IEC 60947-2)では，MCCB ではなく，サーキット ブレーカとしている．

(2) モータ及び変圧器の起動時の過電流(IEC 60204-1 7.2.10項)

過電流とは，短絡及び負荷のそれぞれの定格電流に対する過度の電流を総称した用語である．各回路に使用される導体や機器の短絡保護，及び誘導負荷の過負荷保護を行わなければならない．定格電流は，できるだけ低い値であると同時に，予測される過電流(例えば，変圧器またはモータの起動時)に適切に対応した値を設定しなければならない．

1) モータの起動時の過電流(IEC 60204-1 7.2.10, 14.1項)
モータ起動時の過電流に対する対応要領の手順を示す．
① 負荷の定格電流及び短定格電流(起動電流)を保護できる過電流保護機器(モータスタータ)を選択する
② 導体を選択する
③ 採用した過電流保護機器が，推定される短絡電流を遮断できる性能を有していることを確認する(妥当性確認)

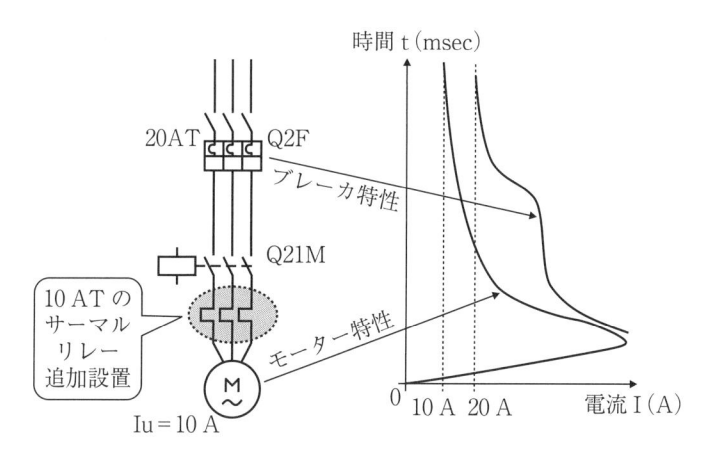

図 5.5 モータの過電流保護

図 5.5 は，わが国の多くの設計内容を記載したものである．

図 5.5 は，ブレーカの特性曲線にモータの特性を記入したものである．前述した手順が選択されているが，懸念されるのが Q2F の Trip 値である．また，Q2F にサーマルリレーが内蔵されているにもかかわらず，なぜ，単体のサーマルリレーを別に追加設置されているのかである．この詳細を次の内容で確認する．

—モータの定格電流 Iu が 10 A に対し，Q2F が 20 A Trip である．
—次に Q2F で保護できる導体を選択する．
—結果，Q2F で過負荷保護が不可能であるために，サーマルリレーを追加設置する．
—故に，Q2F は，導体の短絡電流保護のみとし，サーマルリレーはモータの過負荷保護となる．
—結果，モータの定格電流で選択するはずの導体は，Q2F で決定される．
—使用する導体は，モータ定格電流 Iu の 2 倍の太さとなる．
—電磁接触器 Q21M は，Iu で選択していることから，その端子に導体の接続が不可能となる．
—そこで，接続は丸端子や棒端子などを使用する．

―すると，この圧着端子が露出し，感電や短絡の要因となる．
　―この動力回路の分岐回路設計から，電源回路に影響を及ぼすため，主電源開閉器は全負荷電流の2倍の容量のものが選択されることとなる．
　―入力電源導体に対して，電源導体は2倍の太さとなっている．
　―仕向け先建屋の配電盤やタップオフユニットに設置されたMCCB(Q0F)に対し，据付けられる機械の主電源開閉器(Q1F)は，2倍となっている(**図5.6**参照)．

　図5.6は，実際に行われている設計である．MCCB(Q1F)の安全係数が200％であり，電線サイズの安全係数が300％である．これは，消防車のホースで植木に水をやるようなものである．

　設計された安全係数は，モータ負荷の過電流から全負荷電流を設計した結果が電源遮断器Q1Fに影響を与え，据付け場所の配電系に対してMCCB(Q0F)及び導体にまで影響を及ぼす例である．この結果は，突入電流でしか選択できないMCCBの採用が起因となる．

　実例として，15年前のことであるが，ある日本企業がヨーロッパのある国

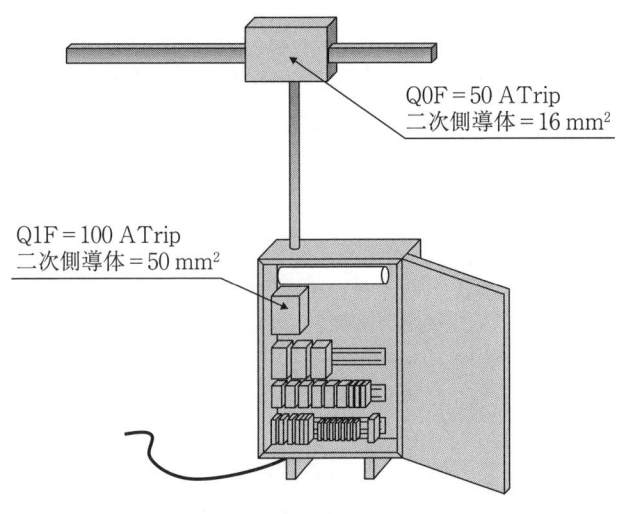

Q0F = 50 ATrip
二次側導体 = 16 mm^2

Q1F = 100 ATrip
二次側導体 = 50 mm^2

図5.6　実際の過電流保護(例)

に工場を建てたときのことである．2年もの間，その工場に送電されなかったことがある．現地検査機関によれば，「問題点が是正されなければ送電しない」という理由であった．問題点とは，「機械設備の主電源遮断器の瞬時トリップ値は問題ないが，サーマルトリップ値を下げなさい」というものであった．この企業は，「下げなさい」とは何をいっているのかが解らず，日本の国家規格 JIS C 8370 を確認しても理解できなかった．また，電気機器メーカーに問合せても解らなかった．これは，MCCB の瞬時トリップ値，及びサーマルトリップ値が可調整であることが標準であったことに対する理解不足が原因である．電気機器メーカーが理解出来なければ，電気機器の使用者側が理解出来る訳がないのである．したがって，制御機器が制御"危機"になっているといった実例である．

モータスタータ(モータ保護用サーキットブレーカ)及びサーマルリレーが開発されて 90 年になる．モータスタータは可調整が標準であり，MCCB も当然，過調整が標準であった．この標準に基づき国際規格である IEC 60204 が作られているのである．

2) 変圧器の起動時の過電流（IEC 60204-1 7.2.10 項）

変圧器の具体的な対応要領として，変圧器は絶縁変圧器を使用することとし，その突入電流による不要トリップを防止する．具体的な対応手順を次に示す．

① 採用した絶縁変圧器の突入電流の把握
② 採用した変圧器メーカーに過電流保護装置の推奨品を提示させる

変圧器は，変圧器メーカーの指示に従って過電流から保護しなければならない．**図 5.7** に，三相絶縁変圧器の一次側及び二次側の定格電流を示す．起動時の突入電流は，一般的に定格電流の 20 倍以上であることから，定格電流 5 A ×20＝100 A となる．

現行の日本メーカーの MCCB 標準品は，定格電流に対する瞬時トリップ値が 6〜10 倍であることから，10 倍とした場合を想定しても，Q0F に 10 A Trip

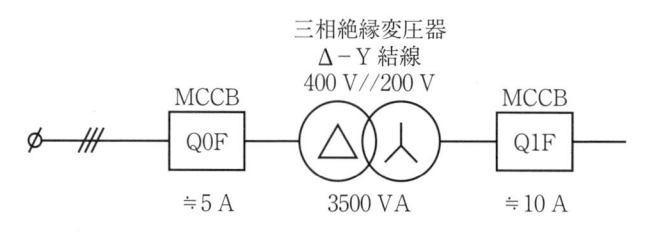

```
        三相絶縁変圧器
         Δ－Y 結線
         400 V//200 V
    MCCB              MCCB
    Q0F   △   人      Q1F

    ≒5 A    3500 VA   ≒10 A
```

図 5.7　三相絶縁変圧器の定格電流

品を選定することとなる．したがって，モータの過電流保護で説明したように，図 4.4 に示した状態となる．

　変圧器は危険物である．鉄心にコイルを巻いて電流を流す場合，電磁石となる．では，変圧器内部で短絡故障が発生した場合はどうなるだろうか．例えば，「うなり」及び「振動」が発生する．二次側で過電流保護を行うので問題はないという専門家がいるが，内部の短絡故障を想定しているかどうか疑問である．

　変圧器の過電流保護装置の定格値及び設定値は，過電流に対して非常に重要な項目であるにもかかわらず，日本ではまだ変圧器保護用 MCCB は開発されていない．

　次に，単相絶縁変圧器の過電流保護を示す（**図 5.8 参照**）．

　TR1＝1000 VA とした場合，QF4 のサーマル Trip 値は 1000 VA/200 V＝5 A であり，単相絶縁変圧器の突入電流が 20 倍として，5 A×20＝100 A である．わが国のサーキットブレーカの瞬時 Trip 値が定格電流の 10 倍として選択する場合，100 A/10＝10 A となる．したがって，QF4 は 10 A Trip，F1 は 10 A Trip を選択することになる．

　これは，三相絶縁変圧器で示した内容と同じであるが，この設計が正しいとするならば，図 4.8 の仕様が可能となる．これは，一次側と二次側が同電圧の対変圧器（対トランス）の場合の EU 電気機器メーカーの推奨である．ただし，電気機器メーカーによっては，二次側からの配線を認めない場合，及び異電圧を内部に共存することを認めない場合があるので，注意して設計しなければな

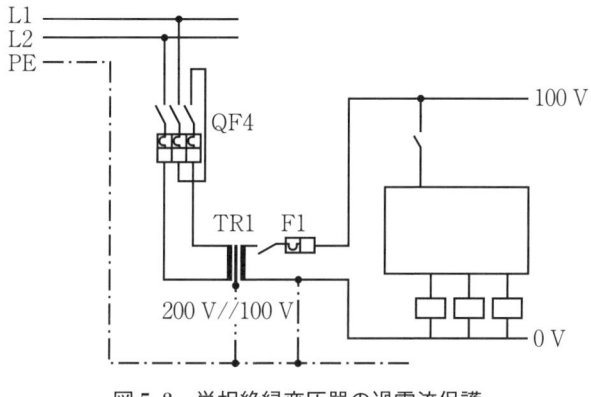

図 5.8 単相絶縁変圧器の過電流保護

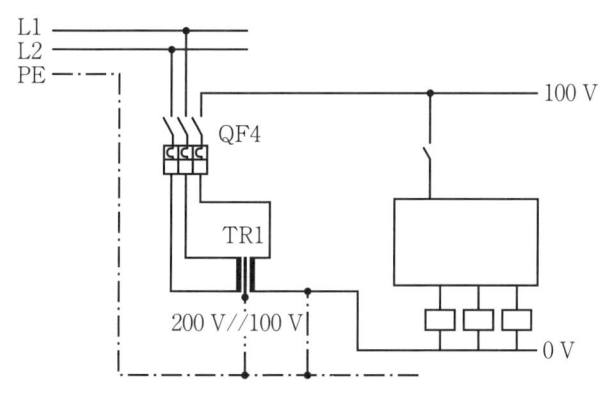

図 5.9 単相絶縁変圧器の過電流保護の応用

らない(**図 5.9** 参照).

また,参考として,ヒューズを標準採用とするアメリカの NFPA 70 及び NFPA 79 の要求事項を**図 5.10** に示す.単相絶縁変圧器の定格電流に対し,一次側過電流保護機器の定格電流は,125% を超えない設計を基本とする.一次側過電流保護機器の定格電流が 125% を超える場合は 250% 以内とするが,変圧器二次側直近に,定格電流が 9 A を超えていれば 125% 以内,定格電流が 9 A 以内であれば 167% 以内の過電流保護機器の設置を義務づけている.

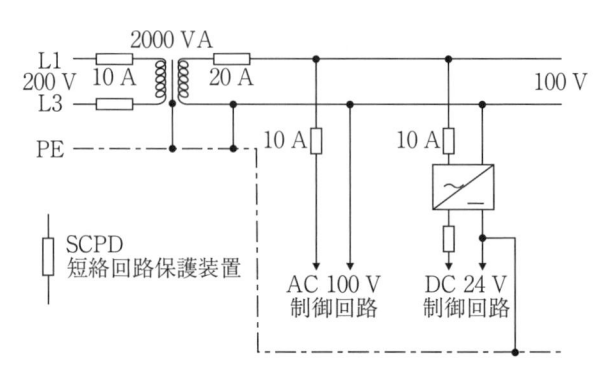

```
            2000 VA
  L1 ┌──┐ ┌──────┐
  200 V ─ 10 A ─  20 A ─────┬────────────┬──── 100 V
  L3 ─ 10 A ─ └──────┘      │            │
                            │            │
  PE ─────────────────┬─── 10 A ──── 10 A ──
                      │     │            │
                      │     │          ┌─┴─┐
                      │     │          │ ~ │
                      │     │          │ = │
                     SCPD   │          └─┬─┘
                  短絡回路保護装置        │
                            │            │
                          AC 100 V      DC 24 V
                          制御回路       制御回路
```

図5.10 アメリカの単相絶縁変圧器の過電流保護

　国際規格(IEC)及び欧州規格(EN)では具体的な数値がないため，過電流保護機器の設定電流は，できるだけ低い値であると同時に，予測できる過電流に対応した値を設定することとなっている．わが国の電気装置設計者及び変圧器メーカーは，この内容を参考とする人が少なくない．日本のサーキットブレーカは，ノーヒューズブレーカといわれる．こういわれる理由は，ヒューズに変わるブレーカであるためであり，図5.10を参考とすることが一般的かもしれない．

　また，制御回路の過電流については，本書6.1節の(3)項「制御回路の過電流保護」(IEC 60204-1 7.2.4項)を参照されたい．

（3） 電磁接触器の電流容量（定格値）を超える過電流（IEC 60204-1 7.2.10項）

　動力回路の開閉機器として，電磁接触器に注目する．ここで，日本で使われている用語について確認する必要がある．サーマルリレーが付属しているものを電磁開閉器（マグネットスイッチ）とし，サーマルリレーが付属していないものを電磁接触器としている．また，IEC 60204-1 7.2.10項の要求に，「保護装置選定時の考慮事項として，過電流から開閉機器を保護（例，開閉機器の接点溶着防止）しなければならない」があるが，これは意味だけをまとめたもので

ある．制御回路の安全関連サブ系が安全水準（制御回路で示す IEC 62061 及び ISO 13849-1）を満足し，その信頼性が高く見積り設計されても，電磁接触器の主接点が溶着した場合は停止障害となるため，安全要求事項を満足することは不可能となる．

　ここで重要となる対応内容が，「IEC 60947-4-1 電磁接触器とモータスタータ」に示されている．これは，モータスタータと電磁接触器の型式協調（Type coordination）である．型式協調は，次に示す内容のいずれかとしなければならない．

　―IEC 60947-4-1 に示す Type "1" coordination を満足する．または，
　―IEC 60947-4-1 に示す Type "2" coordination を満足する．

　Type "1" coordination は，電磁接触器の主接点が溶着した後にモータスタータがトリップする協調であり，Type "2" coordination は，電磁接触器の主接点が溶着する前にモータスタータが Trip する協調である．これは，時間が重要であり，一概に，仕様上だけで電磁接触器の遮断性能とモータスタータの遮断性能を判断できるものではない．モータスタータと電磁接触器の型式協調を，**図 5.11** に示す．

　図 5.11 に示すように，電磁接触器の主接点が溶着する時間とモータスタータのトリップ特性の時間が重要である．例えば，図 5.11 に示す電磁接触器 Q21M の遮断性能が 5 kA であったとする．短絡電流 15kA が流れ込んだ場合に，Trip Time を超えて耐えた場合は，Type "2" coordination となる．ただし，この Trip Time と同時間となる場合，Q21M は軽溶着を引き起こす可能性があるが，これも Type "2" coordination に含まれる．したがって，次の内容を示すことができる．

　　　Type "1" coordination ＜ TripTime
　　　Type "2" coordination ≧ TripTime

　Type "1" coordination は，IEC 60204-1 の要求事項として，本書 4.3 節の(1)「短絡電流」及び 5.1 節の(1)「短絡による過電流」をすべて満足すれば対応することになる．このことから，IEC 60204-1 では，この型式協調が記載されて

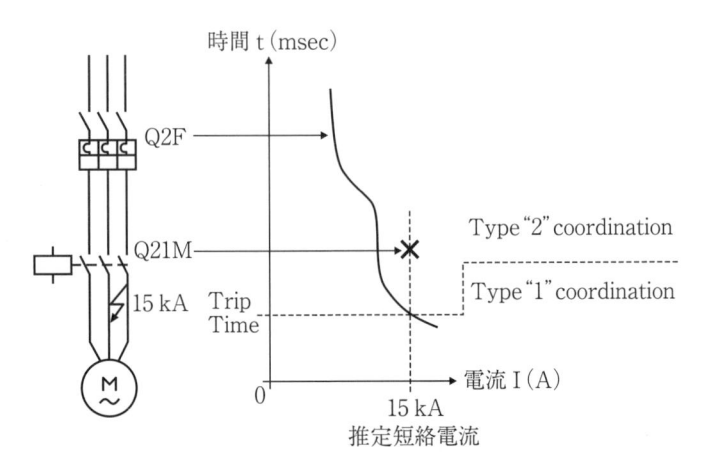

図 5.11 型式協調（Type coordination）

いない．しかし，「IEC 60204-32 巻上げ機械に対する要求事項」では，Type "2" coordination を要求している．これは，ワークが吊り下った状態で，電磁接触器の主接点が溶着を起こした場合に，電磁接触器を交換することなく，安全な状態で交換作業を行うことが可能となるというものである．この接点溶着は，Type "2" coordination の場合は軽溶着であり，電磁接触器の接点溶着を工具などで可動接点の支柱を押して開放後，しばらく使用できるというものである．

また，米国自動車工業会は，アメリカのビッグ 3 の意向に基づき，自動車製造ラインの電気設備には Type "2" coordination を要求した．これは，約 10 年前（1999 年）の話である．

5.2 過電流保護機器の取付け位置（IEC 60204-1 7.2.8）

過電流保護機器は，導体断面積の減少またはその他の変化によって導体電流容量が減少する場所に取り付けなければならない．ただし，次のすべての条件を満足する場合は，過電流保護機器の取付けを省略することは可能である．

―導体の電流容量が少なくても負荷の電流容量以上である

―電流容量が減少する導体から過電流保護機器までの導体長が3mを超えない

―短絡する可能性が少ない方法で導体を取り付ける

　短絡故障の発生の可能性を少なくする方法の例の1つとして，導体の取り付けをエンクロージャまたはダクトで保護することである．

5.3　モータの過負荷保護（IEC 60204-1　7.3.2, 14.1項）

　過負荷保護は，モータの過熱保護（IEC 60204-1　7.3）の1つの要素である．過熱保護は，定格が0.5kWを超えるモータに設けなければならない．この保護には，「過負荷保護」，「過剰温度保護」，及び「電流制限保護」がある．ここでは，過負荷保護に注目する．ここで，本書で使用する用語と日本の国家規格 JIS B 9960-1 の用語を比較する（**表 5.1** 参照）．

　この比較は，IEC 60204-1 の要求をより深く理解することを目的とする．

- 過負荷保護は，電流と時間による熱エネルギー I^2t を検知しなければならない
- 過剰温度保護は，過負荷による熱影響の温度上昇を検知しなければならな

表5.1　過熱保護の用語

国際規格 IEC 60204-1：2009	本　書	国家規格 JIS B 9960-1：2008
Protection of motors against overheating	モータの過熱保護	電動機の温度上昇保護
Overload protection	過負荷保護	過負荷保護
Over-temperature protection	過剰温度保護	温度保護
Current limiting protection	電流制限保護	電流制限による保護

い
- 電流制限保護は，熱エネルギーの要素である電流を制限することである．

ここで，過負荷保護の注意点を，次に示す．

―定格が0.5 kWを超える各モータには，過負荷保護を備えなければならない

―モータの動作を自動的に中断できない場合は，警報信号を出す

―過負荷にならないモータは，過負荷保護機器がなくてもよい

―過負荷検出は，中性導体を除く各充電導体に備えなければならない

―単相モータまたは直流モータの検出器は，非接地側の充電導体にのみ設ける

―過負荷保護を電源遮断で行う場合，その開閉機器はすべての充電導体を遮断

―過負荷保護装置が作動後，自動的に再起動しない設計とする

　過負荷保護を備える場合は，すべての充電導体(L1-L2-L3，ただし中性導体を除く)の過負荷を検出しなければならない．L1-Nの線間電圧を使用する単相交流モータは，接地されていない1つの充電導体(L相)だけに過負荷検出器を設ければよい．確認として，中性導体(N相)は，接地された導体であるため，過負荷検出器(サーマルリレー)を設けてはいけない．**図5.12**に，過負荷検出器の設置の参考例を示す．この参考例では，400 VACと200 VACの交流単相モータまでを含める．

　図5.12では，電磁接触器を省いている．また，Q2F～Q7Fは，モータスタータである．モータスタータは，全素子に電流が流れている状態でトリップ特性の試験が行われているため，すべての保護素子に接続・配線をしている．このモータスタータは一次及び二次側の接続の方向性が任意であるものを想定しているため，実務設計でこれを参考とする場合は，モータスタータのメーカーに確認する必要がある．

　ここで，日本のモータの過負荷保護を考える．過負荷保護であるサーマルリレーは，サーマル2素子で3相負荷の過負荷を検出することが標準となってい

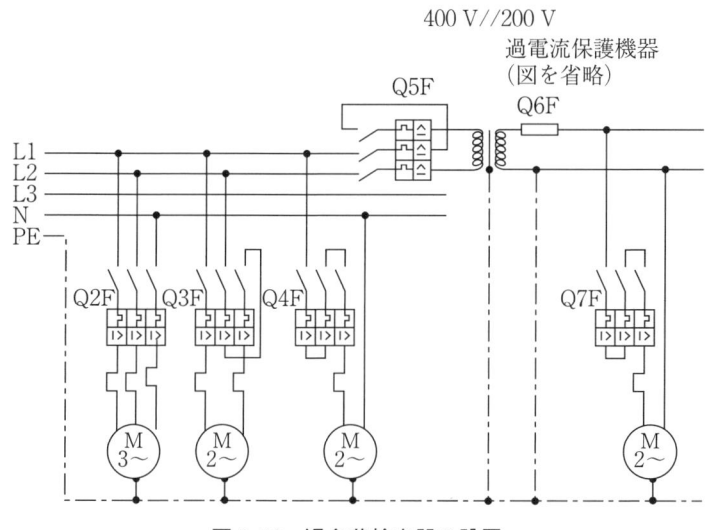

第 5 章　動力回路及び機器の保護　　71

400 V//200 V
過電流保護機器
（図を省略）

図 5.12　過負荷検出器の設置

る．日本の制御機器メーカーとしては，「モータの過負荷を検出するのであれば，2 素子で十分である」という判断であるが，モータの過負荷だけを考えれば 1 素子でも検出は可能である．最近は，欠相保護の要求から欠相付き 3 素子が増えているそうである．しかし，モータの焼損を考える場合，過負荷だけでなく，欠相及び電圧不平衡による影響を考慮しなければならない．したがって，欧州では過負荷保護，欠相保護，及び電圧不平衡を検出しなければモータは焼けるということであるが，日本は過負荷電流のみに注目しているため，随分モータを焼いてきたと聞いている（本書第 II 部の第 17 章参照）．

　ここで，日本の制御機器メーカーのカタログに記載される過電流の定義は，「過電流とは，定格電流を超える短絡電流と過負荷電流を総称した言葉である」と記載されている．本件からも理解できるように，過負荷は電流のみで判断するものと捕らえることができる．

　しかし，国際レベルでは，過負荷と過電流は同義語として用いてはならないとしている．これは，IEC 60204-1 の 3.40 項で明確に記載された内容である．過負荷は，バイメタル（熱電対）を使用し，電流と時間の関係で通過エネル

ギー(I^2t)を検出するものである．産業機械にとっては，モータは非常に重要なものであり，高価であった．従来，モータ巻き線の巻き返えで事業が成立していた時代がある．この重要なモータは，アメリカでは1馬力が必要なところに2馬力のモータを採用し，安全係数200％として，モータ焼損を防いでいた．ヨーロッパでは，適正なモータ採用を有効にするため，保護機器の開発を優先的に考えた．この保護機器が，モータスタータ及びサーマルリレーである．したがって，サーマルリレーは3素子にて，過負荷保護，欠相保護，及び電圧不平衡を検出しなければならない．

第6章

制御回路と制御機能

図 6.1 は，IEC 60204-1 の「9 制御回路及び制御機能」をブロック図にしたものである．

6.1 制御回路の電圧と電源（IEC 60204-1 9.1.1, 9.1.2 項）

制御回路（図 4.4 参照）の公称電圧は 277 V を超えてはならない．また，制御回路への給電は，絶縁変圧器を使用しなければならない．これは，電源回路及び動力回路との絶縁が要求されるのである．この絶縁は，表 1.1 で示した危険源である「制御回路の故障または障害のリスク低減」を目的とする．故障または障害の誘因の1つに，短絡事故がある．電源回路及び動力回路の短絡事故時の短絡電流は，制御回路に流れ込んだ場合に誘導負荷を対象としないスイッチ類を焼損することになる．この短絡電流を制御回路に持ち込まないことを重要として絶縁するのである．

日本の文化では，短絡事故は，直接的には人のミスであり，間接的には整備不良であると考え，作業教育及び定期点検に注力してきた．その結果として，過電流保護機器を設けることで安全対策は完了としている．

しかし，国際規格及び欧州規格では，これを否定している．また，アメリカの国家規格 ANSI/NFPA79（産業機械の電気規格）を確認しておく必要があ

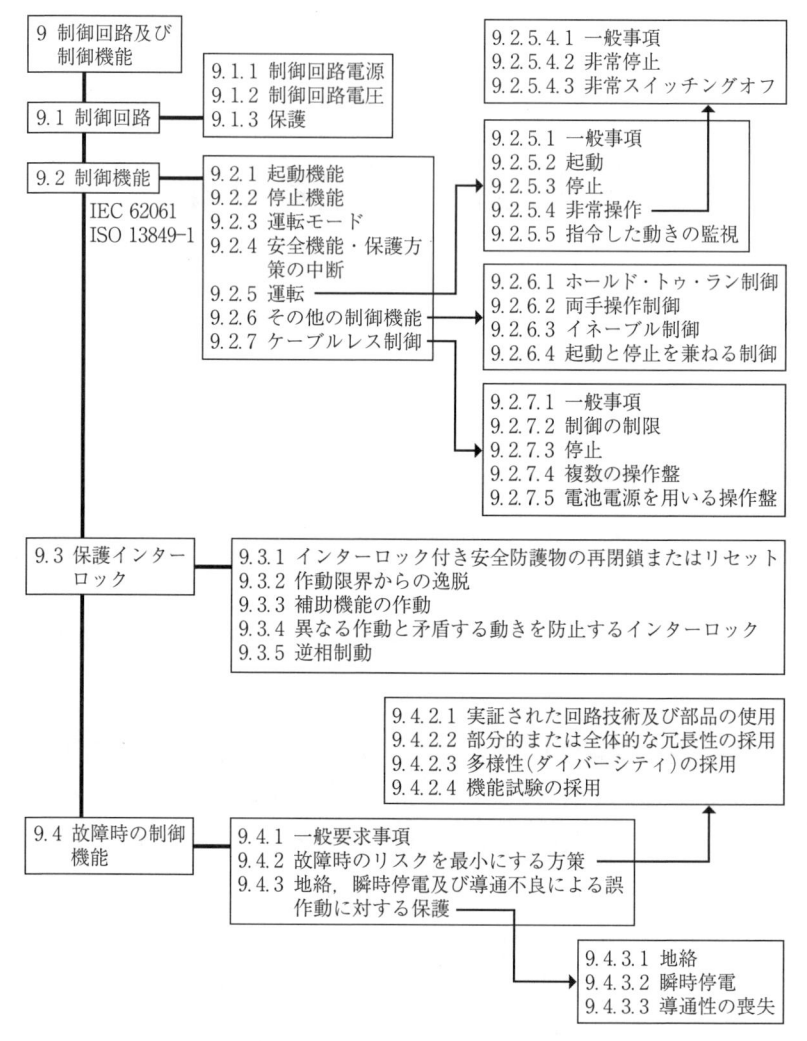

- 9 制御回路及び制御機能
  - 9.1 制御回路
    - 9.1.1 制御回路電源
    - 9.1.2 制御回路電圧
    - 9.1.3 保護
  - 9.2 制御機能
    - IEC 62061
    - ISO 13849-1
    - 9.2.1 起動機能
    - 9.2.2 停止機能
    - 9.2.3 運転モード
    - 9.2.4 安全機能・保護方策の中断
    - 9.2.5 運転
      - 9.2.5.1 一般事項
      - 9.2.5.2 起動
      - 9.2.5.3 停止
      - 9.2.5.4 非常操作
        - 9.2.5.4.1 一般事項
        - 9.2.5.4.2 非常停止
        - 9.2.5.4.3 非常スイッチングオフ
      - 9.2.5.5 指令した動きの監視
    - 9.2.6 その他の制御機能
      - 9.2.6.1 ホールド・トゥ・ラン制御
      - 9.2.6.2 両手操作制御
      - 9.2.6.3 イネーブル制御
      - 9.2.6.4 起動と停止を兼ねる制御
    - 9.2.7 ケーブルレス制御
      - 9.2.7.1 一般事項
      - 9.2.7.2 制御の制限
      - 9.2.7.3 停止
      - 9.2.7.4 複数の操作盤
      - 9.2.7.5 電池電源を用いる操作盤
  - 9.3 保護インターロック
    - 9.3.1 インターロック付き安全防護物の再閉鎖またはリセット
    - 9.3.2 作動限界からの逸脱
    - 9.3.3 補助機能の作動
    - 9.3.4 異なる作動と矛盾する動きを防止するインターロック
    - 9.3.5 逆相制動
  - 9.4 故障時の制御機能
    - 9.4.1 一般要求事項
    - 9.4.2 故障時のリスクを最小にする方策
      - 9.4.2.1 実証された回路技術及び部品の使用
      - 9.4.2.2 部分的または全体的な冗長性の採用
      - 9.4.2.3 多様性(ダイバーシティ)の採用
      - 9.4.2.4 機能試験の採用
    - 9.4.3 地絡, 瞬時停電及び導通不良による誤作動に対する保護
      - 9.4.3.1 地絡
      - 9.4.3.2 瞬時停電
      - 9.4.3.3 導通性の喪失

図 6.1 「制御回路及び制御機能」のブロック図

る.アメリカでは,条件が整えば制御回路用の絶縁変圧器を強制とはしていない.この条件とは,制御回路に給電する単相絶縁変圧器の出力電圧が 120 V 以下で,推定短絡電流が 1000 Arms 以下の場合,電源回路の三相絶縁変圧器か

らの給電による制御回路の使用を許容できるとしている．これは，制御機器の選択を重要視し，焼損しない環境を条件としているのである．これで理解できるように，人のミスや整備不良が原因であっても，制御回路の故障及び障害を起こすことを許さないのである．

制御回路は信号を制御するものであり，電力を制御する回路（本書でいう電源回路及び動力回路）に対する基本的な安全要求事項は，絶縁である．この絶縁は，制御回路の本質的安全の考え方であり，危険源である制御回路の故障及び障害を回避するための基本設計である．この基本設計の安全防護として，過電流保護が要求されるのである．

日本は，変圧器の使用目的を電圧の昇圧または降圧としていることから，オートトランス（単巻変圧器）を標準としているケースが少なくない．オートトランスは分離巻線ではないため，絶縁は不可能である．また，変圧器を保護するための過電流保護機器の開発も遅れている．それゆえに，制御回路が焼損する可能性が低くないのである．

絶縁変圧器の過電流については，本書5.1節(2)項の2)「変圧器の起動時の過電流(IEC 60204-1 7.2.10項)」，図5.8，図5.9，及び図5.10を参照されたい．また，制御回路の過電流については，6.1節(3)項の「制御回路の過電流保護(IEC 60204-1 7.2.4項)」を参照されたい．

（1） 直流電源（IEC 60204-1 9.1.1項）

直流電源は，電源回路との絶縁が考慮されていないため，その一次側に絶縁変圧器を設けることとなっている．しかし，2005年発行のIEC 60204-1より，IEC 61558-2-17（スイッチモード電源装置用変圧器の特別要求事項）による分離巻線を持つ変圧器を備えていれば，絶縁変圧器と同等と見なすこととなり，一次側に絶縁変圧器を設ける必要がなくなった．これは，絶縁性能を有するものとして認められたものである．また，直流電源採用時は，本書1.2節の「制御機器の選択」を本件とあわせて確認する必要がある．

（2） 制御変圧器を設置しない条件（IEC 60204-1　9.1.1項）

　ある機械メーカーが，IEC 60204-1：2005 を基本とする JIS B 9960-1：2008 に基づき，海外向け設備を設計・製造し，適合性評価の審査を受けたが，不適合となった．これは，モータ1台のみの機械である．不適合は，制御絶縁変圧器が設けられていないことが理由であった．JIS B 9960-1：2008 には，「電動機始動器が1つで，制御機器が2つ以内であれば，制御電源用変圧器は不用」であるとしており，不適合となった機械の設計者は，これを確認している．そこで，IEC 60204-1 の内容を確認する．

　この確認した規格内容を考察する．
1. 「Motor starter」を「電動機始動器」としたことによる要求内容の不理解
2. 電動機始動器とは何なのか
3. モータスタータが何であるかを確認しなかった
4. 認証機関の検査官が，モータスタータを知らなかった

　この考察内容は，すべて実際に確認した内容である．ここで，モータスタータを説明する．ON-OFF 操作可能で，過電流，過負荷，及び欠相の保護を1つの機器で行えるモータ保護用のスタータである．本書第II部の第17章17.8節に，「モータースタータは，1人4役」と記載され，重要な内容が紹介されていることを確認されたい．また，モータスタータは，IEC 60947-4-1（電磁接触器及びモータスタータ）の規格で確認することができる．日本では，JIS C 8201-4-1 が発行されている．ここに，「スタータ」が定義されている．スタータとは，「適切な過負荷保護機能を持ち，モータの起動/停止に必要なすべての開閉手段を組み合わせたスタータ」である．

　したがって，モータスタータは操作用押しボタンを設けたモータ保護用サーキットブレーカである．また，オプションとして，補助接点，先入れ補助接点，外部操作ユニット，リモート操作用ユニット，非常停止ユニット，源流ユニット，シャント・トリップ・コイル，及び不足電圧・トリップ・コイルが準備されている．また，その進化形としてコンビネーションスタータが開発されてい

る．制御機器の理解なしには，システム設計は不可能である．

（3） 制御回路の過電流保護（IEC 60204-1 7.2.4項）
　制御回路の絶縁変圧器または直流電源から電源を供給する制御回路の電線は，次により過電流保護を実施する．絶縁変圧器の過電流については，本書5.1節(2)項の2)「変圧器の起動時の過電流」，図5.8，図5.9，及び図5.10を参照されたい．
　─接地した制御回路では，プラスコモンのみ過電流保護機器を設ける（**図6.2**参照）
　─接地しない制御回路には，プラス及びマイナスの両コモンに過電流保護機器を設ける（**図6.3**参照）
　したがって，接地しない回路には，過電流保護器を設けなければならない．また，接地した回路には，スイッチや過電流保護器を設けてはならない．ただし，本項では，過電流保護機器を設ける場合の注意点を示している．ここでの重要点として，図6.3の接地しない制御回路は，故障時のリスクを拡大する可能性がある．

（4） 故障時のリスク低減（IEC 60204-1 7.2.4項）
　制御回路の故障は，主に地絡事故による誤動作，及び制御スイッチの接点溶着である．制御機器の接点溶着は，次の6.2節「制御機能」で説明することとし，ここでは地絡事故による誤動作に注目する．

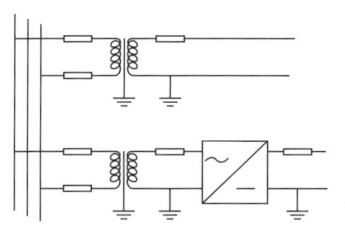

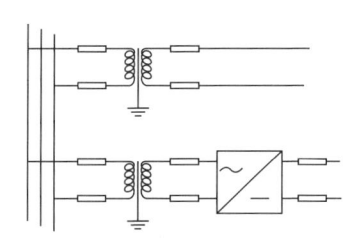

図6.2　接地した制御回路　　図6.3　接地しない制御回路

図 6.4 地絡事故

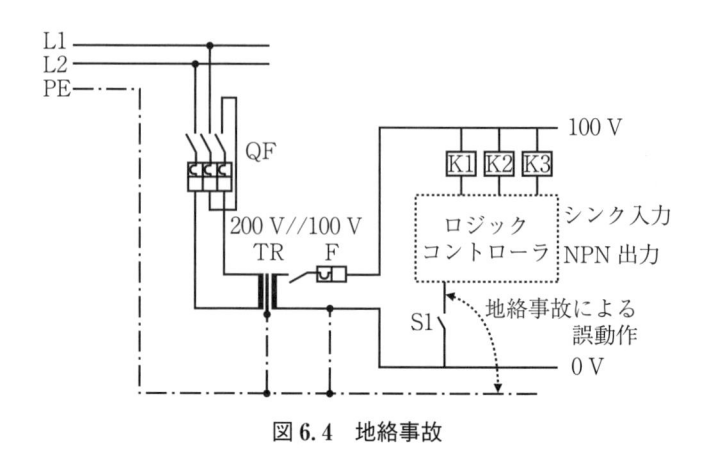

制御回路の地絡事故により，偶発起動，危険動作の開始，及び機械停止の妨害を発生してはならない．この故障の対策が行われていない図6.3の制御回路は，安全設計では容認されない．

図 6.4 は，現在も使用されているわが国の設計内容である．半導体NPN素子を使用するコントローラや電子機器が標準化されていることにより，この制御回路が標準となっている．

図6.4では，スイッチS1の一次側が地絡した場合，回路はオン状態となることから，誤動作を起こすことになる．電気安全設計の基本は，地絡時に誤動作を起こすことを許さない．電気装置内の故障または障害が，危険状態を招くおそれがある場合，または機械もしくは加工中の工作物を損傷するおそれがある場合には，そのような故障または障害が起こる可能性を最小にするために適切な方策をとらなければならない．

制御回路の危険源(故障または障害)を低減するための適切な方策は，スイッチS1を100Vコモン側とし，K1～K3のコイルを0Vコモン側に配置しなければならない．また，コイルと0Vコモン間には，接点などを設けないことが必要となる．これらを考慮した場合は，ロジックコントローラに使用する半導体にPNP素子を採用し，ソース入力及びPNP出力としなければならない．また，この要求を満足するための基本要求は，機能ボンディングである．本書3.1

第 6 章 制御回路と制御機能　79

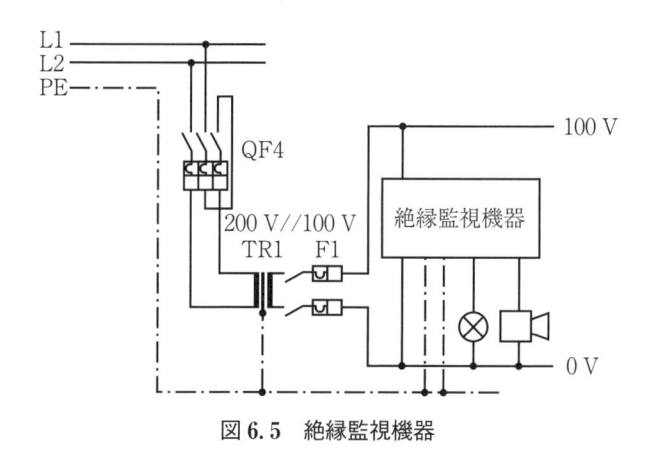

図 6.5　絶縁監視機器

節「等電位ボンディング」及び 3.3 節「機能ボンディング」を参照されたい．

　機能ボンディングは，機械の動作に悪影響を与える絶縁不良，及び影響を受けやすい電気機器への電気的障害を最小限にすることを目的としている．機能ボンディングは，制御回路の本質的安全方策といえる．

（5）　絶縁監視機器（IEC 60204-1　7.2.4 項）

　本質的安全方策に対する安全保護方策が絶縁監視機器である．これは，地絡事故時に回路を自動的に遮断する絶縁監視機器の採用である．運転準備基板及び PLC などの電子機器は，NPN 素子を使用する場合に接地が不可能となることがある．その場合の保護手段として，絶縁監視機器を設けることで安全側に働く制御回路を構築できる（図 6.5 参照）．

6.2　制御機能（IEC 60204-1　9.2, 9.4 項）

（1）　安全関連の国際規格の識別

　安全関連系（SRS）の発端となる開発は 1976 年頃から，ドイツで進められていた．これは，ISO/IEC Guide 51 に記載される「人の誤った行動」及び「装置のやむを得ない故障」に対する機器及び系のポジティブモード（故障要素が

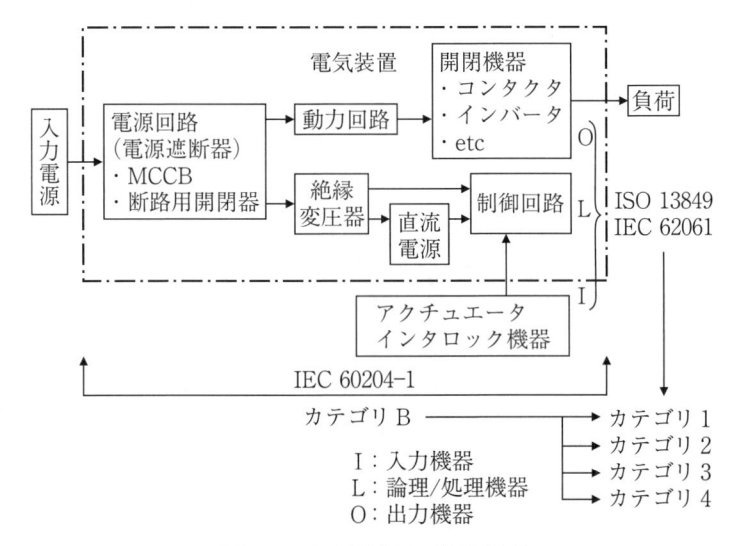

```
                    ┌─────── 電気装置 ───────┐
                    │                          ┌─開閉機器──┐
                    │                          │・コンタクタ │
                    │        ┌→ 動力回路 ─→│・インバータ│→ 負荷
┌──────┐     │┌────────┐│        │・etc      │   O
│入力電源│→│電源回路   ││        └──────┘
└──────┘     ││(電源遮断器)││                              ISO 13849
               ││・MCCB      ││ ┌───┐  ┌───┐        IEC 62061
               ││・断路用開閉器││→│絶縁 │→│直流 │→ 制御回路  L
               │└────────┘│ │変圧器│  │電源 │
                    │                └───┘  └───┘
                    └──────────────────────┘      I
                                   ┌─────────┐
                                   │アクチュエータ│
                                   │インタロック機器│
                                   └─────────┘
        ←──────── IEC 60204-1 ────────
                            カテゴリ B     →カテゴリ1
                        I：入力機器       →カテゴリ2
                        L：論理/処理機器   →カテゴリ3
                        O：出力機器       →カテゴリ4
```

図 6.6　安全関連系の規格分類

全くないモード)化の実現である．実現の措置として，IEC 60204-1(機械の電気装置)がこれをまとめている．この規格をカテゴリ B(Basic)として，制御機能における系の規格分類が行われている．その内容を**図 6.6**に示す．

図 6.6 に示すカテゴリは，安全関連系の分類である．カテゴリ B(Basic)は，制御システムの基本規格である IEC 60204-1 の要求(本書 6.1 節「制御回路の電圧と電源」)を参照)，及び IEC 60204-1 の「9.4.2　故障時の制御機能」をすべて満足しなければならない．制御機能の故障に対するリスクを低減するための対策を次に示す．

—機械に設ける保護機器(例，インタロックガード，トリップ装置)の採用
—電気回路の保護インタロックの採用
—実証済みの回路技術及び部品の採用
　・制御回路の機能ボンディング
　・地絡事故による誤動作の対応
　・電源遮断による停止
　・制御される機器のすべての充電導体を開閉する制御

- 強制開離機構(現在は直接開離機構)
- 予期しない作動起こす故障を低減する回路設計

―冗長性または多様性(ダイバーシティ)の採用

―機能試験の実施

　ここで，実証済み回路技術として，機器(強制開離機構)及び系(冗長性)に関する国際規格は，ISO 13849-1(制御システムの安全関連部)に示されている．これらの機器及び系はカテゴリ化されており，安全関連系(SRS)で要求されるカテゴリ B~4 を次に示す．

- カテゴリ B：IEC 60204-1　9.4.1, 9.4.2.1 項実証済みの回路技術及び部品
- カテゴリ 1：低信頼性機器の機能不全を並列冗長により信頼性向上
- カテゴリ 2：信頼性向上した機器のセルフチェック
- カテゴリ 3：系の機能不全を並列冗長系により信頼性向上
- カテゴリ 4：信頼性向上した系のセルフチェック

　これは，ポジティブモード(故障要素が全くないモード)化の実現レベルをカテゴリ化したものである．カテゴリ B を基本とし，カテゴリ 1 及び 2 は機器の信頼性であり，カテゴリ 3 及び 4 は系の信頼性である．また，カテゴリ 1~3 は単一の故障モードを仮定し，カテゴリ 4 は 2 つ以上の故障モードを仮定したものである．

　本書で示す「低信頼性機器」とは，例えば，補助リレー及びソレノイドである．これらは，物理的に開離するものではなく，電力または圧力(油圧，水圧)に依存する．したがって，強制的に開離することは不可能であることから，安全関連系の要求に対する低信頼性機器と区別した．物理的に開離するものは直接的な動作であり，電力または圧力に依存するものは間接的な動作といえる．間接的な動作によるポジティブモード化は，不可能といっても過言ではない．この内容の詳細は，本書 6.2 節(3)項「安全回路の信頼性」を参照されたい．

(2)　安全回路(安全関連系)の開発 (IEC 60204-1　9.4.2.1 項)

　安全回路の開発は，強制開離機構(現在は直接開離機構と改名された)の構築

表 6.1 安全回路の開発

Step	公示日	Standard	分類
1	1985 年	EN 60204-1：1985（欧州規格）	5.7 項 故障時の保護 現行のカテゴリ 1，及びカテゴリ 2 の要求が文章で記載された
2	1987 年	VDE 0113：1986 の解説書（ドイツ）	EN 60204-1 5.7 項の具体的な回路を使用し，解説された．（現行のカテゴリ 2）
3	1988 年	BS 5304：1988（イギリス国家規格）	9.7.6.3 項に，「二重系制御の連結」が記載された．
4	1999 年	ISO 13849-1：1999 第 1 版	カテゴリ B, 1, 2, 3, 4
5	2000 年	PD 5304：2000	イギリス国家規格が，出版書類に取って代わる．これは，欧州機械安全規格の協調が図られた出版物である．
6	2005 年	IEC 62061：2005	電気/電子/プログラマブル電子の機能安全
7	2005 年	IEC 60204-1：2005	「9.2 項 制御機能」にて，ISO 13849-1, ISO 13849-2, IEC 62061 参照となる
8	2005 年	PD 5304：2005	「10.3 項 安全関連制御システム」が追加された．BS EN ISO 12100, BS EN 62061, BS EN 954-1 を参照とする．
9	2006 年	ISO 13849-1：2007 第 2 版	• カテゴリ B, 1, 2, 3, 4 • 性能レベル：PLa, PLb, PLc, PLd, PLe

を基盤とし，スイッチングの信頼性向上を主体に研究が進んだ．開発経緯を，表 6.1 に示す．

（3） 安全回路（安全関連系）の信頼性（IEC 60204-1 9.4.2.1 項）

電気制御系の信頼性として，機能不全の回避が要求される．機能不全に対するリスク低減は，「ISO 12100-2：2003 機械類の安全性―設計のための基本概念―」に示されるポジティブモード（故障要素が全くないモード），及び非対象

第6章　制御回路と制御機能　83

故障モード(故障が特定のモードに偏る故障モード)を考察しなければならない．
　制御装置の接点のポジティブモード化は，接点の強制開離機構(現在は，直接開離機構と改名されている)とすることである．また，低信頼性機器(例えば，補助リレー)は，非対象故障モードとするために，並列冗長系の設計が要求される．さらに，その系の健全性確認を目的として，セルフチェックが要求される．安全回路に使用する補助リレーは，このセルフチェックの系を構築するために，インタロックドコンタクト(企業用語であるポジティブガイドまたは強制ガイドが流通している)を要求している．ただし，インタロックドコンタクトは，単体の補助リレーの接点自身を強制開離機構または高信頼性とすることを目的としているものではない．また，それを行うことは不可能である．企業用語ポジティブガイドが流通したことで，ポジティブモードの適用を誤解する可能性が危惧される．再度説明するが，インタロックドコンタクトは，セルフチェック系の非対称故障モードの構築を目的としていることを理解しておく必要がある．
　ここで，安全回路の開発経緯及び国家(ドイツ)レベルでの公示内容を歴史的背景に基づき安全回路設計を探求する．制御スイッチ自身の強制開離機構化は，約50年の歴史を持っている．これをシステム化するうえで，機械設計の複雑化から強制開離機構接点の増幅が要求される．この要求を達成するために採用されるのが補助リレーである．電磁コイルを使用する補助リレーは，電気的スイッチングとして強制開離機構とすることが不可能であるため，信頼性工学に基づく直列系及び並列冗長系を設計することとなった．これが，1999年に発行されたISO 13849-1のカテゴリ1であり，カテゴリ1のセルフチェック化を図ったものがカテゴリ2である．この内容の開発経過を1985年に戻り，確認する．
　セルフチェックを含む安全回路の考え方は，安全回路内容の公示発端として，EN 60204-1(産業機械の電気装置)：1985(表1参照)の5.7項を参照することができる．
　1985年発行のEN 60204-1の「5.7　故障時の保護(Protection in case of fail-

ure）」に，電気機器の故障が危険な状態となる場合，適切な措置として，以下の内容が説明されている．

　―機械的安全予防措置
　―機械的運動を制御する電気回路の適切なインタロック
　―安全機能を確保できる追加措置
　―冗長性の確保（回路の2重化，または3重化）

　また，フィードバック信号の故障に対する注意点が，次のように，記載されている．

　「安全回路にリレーを使用する場合は，1つのリレーが故障しても2つの中間リレーの冗長性/多重性を使用して安全機能を確保しなければならない．このようなリレーは，機械のON/OFFサイクルに少なくとも1回のセルフチェックが行われていること」

　ここで，このEN 60204-1：1985の5.7項を示す理由は，この内容を誰もが理解している基礎（Basic）として，現在の規格には記載されなくなったことにある．例えば，IEC 60204-1に，オームの法則や過度現象の内容が記載されていないことと同様である．

　EN 60204-1：1985の5.7項に書かれている回路の2重化，または3重化，そして自動的にチェックすることに注目する．これに対応する参考回路が1987年にVDE 0113解説書で公示された．その回路を，**図6.7**及び**図6.8**に示す．

　図6.7は，安全回路の2重化である．補助リレーK1に障害が発生しても，K2で停止可能である．再起動については，K1が障害を起こしている間は起動しないというものである．また，再起動が不可能であることを，セルフチェック（自動的にチェック）と呼んでいた．この回路は実際に採用されたが，起動困難となることが多かった．その理由は，K1及びK2の接点が同じタイミングで動作しなければ，この回路は成立しないのである．そこで，K1及びK2を作動するようにK0を追加したのである（図6.8参照）．

　図6.8は，現在のカテゴリ2に相当する．スイッチングに対する故障モード

図 6.7　安全回路 2 重化

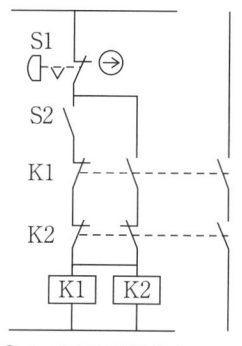

⊖は，強制開離機構を示す．

図 6.8　安全回路 3 重化

として接点溶着をカバーするカテゴリ 1 及び 2 に対して，配線の絶縁劣化等による短絡及び地絡事故をカバーしようとするものがカテゴリ 3 及び 4 である．

ここで，カテゴリの参考回路を示す．

■カテゴリ B(**図 6.9** 参照)

カテゴリ B は，IEC 60204-1 9.4.2.1 項で要求される「実証済み回路技術」の適用である．機械設計の複雑化から強制開離機構接点の増幅が要求される．この要求を達成するために採用されるのが補助リレー(ドイツでは，接点の増幅を行うために使用する制御回路用の電磁リレーを補助リレーと呼んでいた) K1 である．

■カテゴリ 1(**図 6.10** 参照)

カテゴリ 1 は，補助リレー K1 の接点溶着の低信頼性に対応するものである．電磁石を使用する補助リレーは，電気的スイッチングとして強制開離機構とすることが不可能であるため，信頼性工学に基づく並列冗長系による処理から直列系の出力を構成する設計を行うこととなったのである．

■カテゴリ 2(図 6.8 参照)

カテゴリ 2 は，補助リレー K1 及び K2 の並列冗長系の健全性維持として，セルフチェック機能を構築するものである．また，セルフチェックとは，再起動防止である．

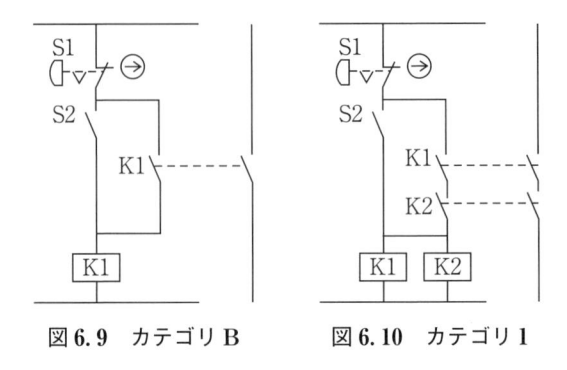

図 6.9　カテゴリ B　　　図 6.10　カテゴリ 1

■カテゴリ 3（**図 6.11** 参照）

　カテゴリ 3 は，強制開離機構を有する機器は接点を並列冗長系とし，強制開離機構を有しない電磁リレーまたは電磁接触器は，コイルの並列冗長系及び出力接点の直列系の組合せとすることで，接点及び系の信頼性を向上している．これは，信頼性工学である．

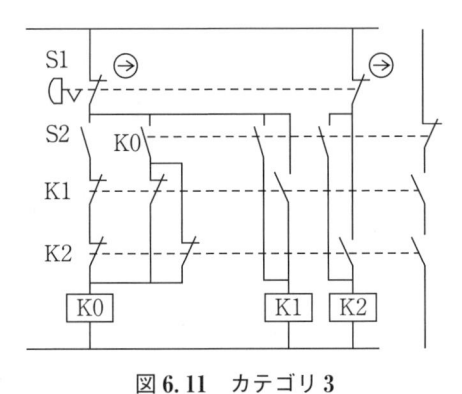

図 6.11　カテゴリ 3

■カテゴリ 4（**図 6.12** 参照）

　カテゴリ 4 は，図 6.11 のカテゴリ 3 の K1 の系と K2 の系の系間短絡の対策であり，この短絡を，上位のヒューズ，またはブレーカでトリップさせるシステムである．

第 6 章 制御回路と制御機能　87

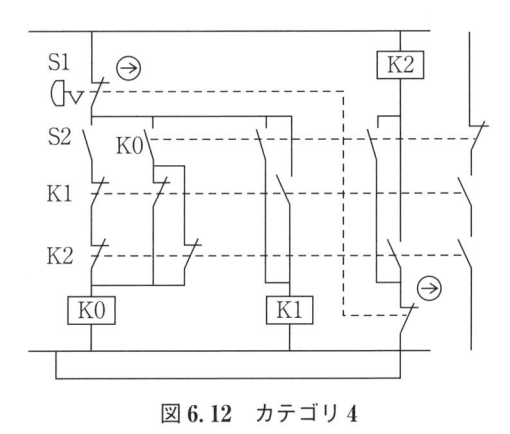

図 6.12　カテゴリ 4

　ここまでは，主に冗長性ついて解説してきたが，多様性（ダイバーシティ）を含む参考回路図（ガードインタロック用リミットスイッチの多様性）を示す（**図 6.13** 参照）．

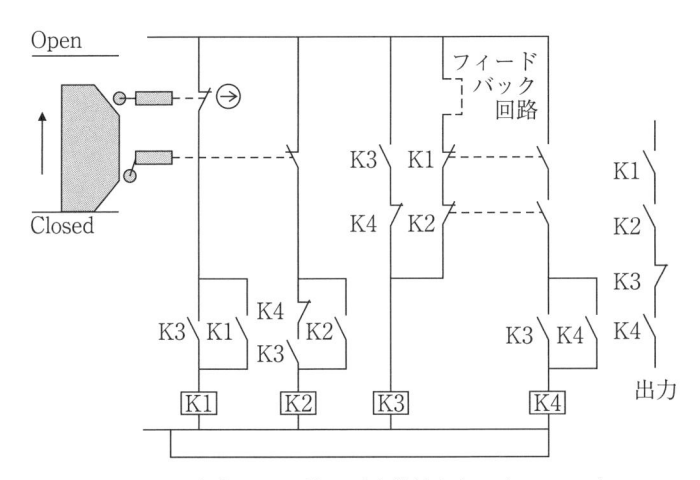

図 6.13　完全な冗長性及び多様性（ダイバーシティ）

（4）　安全回路の機能安全（IEC 60204-1　9.4.2.1 項）

　安全回路の機能を考察する場合，機器及び系の信頼性が重要となり，信頼性

は信頼度で計られ，信頼度は故障率で確認される．現在，発行されている国際規格を参照することができる．系とする安全回路の直接及び間接影響に対し，その系の故障率から要求される安全装置の信頼性が 2006 年発行の ISO 13849-1 Ed.2 に追加された．これは，系の危険側故障発生確率を分析したものである．また，「IEC 61508-5：1998 E/E/PE 機能安全 安全度水準(SIL 安全統合レベル)」や「IEC 62061：2005 E/E/PE 機能安全」に示される安全側故障及び危険側故障をベースとして，安全回路の本質設計から故障時は機械停止の安全確認形システムを前提としている．機器及び系の信頼性向上にライフサイクルが追加され，時間あたりの危険側平均故障発生確率から安全回路の機能性のレベルを規定し，リスクアセスメントに基づき必要となる信頼性を統一している．

（5） 安全回路のカテゴリ及びレベル

制御システムの Cat.(カテゴリ)，PL(性能レベル)及び SIL(安全度水準)を図 6.14 に示す．

図 6.14 は，ISO 13849-1 の要求をまとめたものであり，規格に記載されたリスクグラフではない．簡易に理解できる内容としたものである．

S1：軽傷
S2：1 人または多数の回復困難または 1 人の死亡
F1：希れな頻度
F2：頻繁な頻度
P1：回避可能性大
P2：回避可能性小

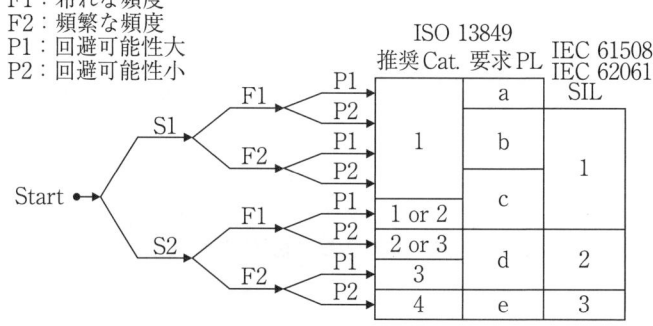

	ISO 13849 推奨 Cat.	要求 PL	IEC 61508 IEC 62061 SIL
P1		a	
P2	1	b	1
P1		c	
P2	1 or 2		
P1	2 or 3	d	2
P2	3		
	4	e	3

図 6.14　リスクグラフ

（6） 安全回路の設計手順

制御機能の安全性に関する情報は，EN ISO 13849-1：2006，EN ISO 13849-2：2003 及び IEC 62061 に示されている．安全設計対応として，リスクアセスメント，安全方策から制御システムに関する設計手順を**図 6.15** に示す．

（7） 安全回路の危険側故障発生確率

安全回路の信頼性として，危険側故障発生確率 SIL 及び PL の比較表を**表 6.2** に示す．

低頻度作動要求モードは，1 回以下/年の作動頻度である．

6.3　起動機能と停止機能（IEC 60204-1　9.2.1, 9.2.2, 9.2.5.2, 9.2.5.3, 9.2.4, 9.2.6.4 項）

安全のために起動及び停止が一定のシーケンスに沿って行われなければならない場合，それらの操作が正確な順序で確実に行われるようにする装置が備えられることが必要である．また，機械的運動の起動と停止とを交互に指令する押しボタン及び類似機器の使用は，危険状態を招かない機能だけに限らなければならない．

起動機能は，関連回路に電気を通じることによって作動するものでなければならない．また，安全機能及び保護方策を中断する必要がある場合は，保護を確実に達成しなければならない．しかし，この特定の場合以外，運転の起動は関連するすべての安全機能及び保護方策が正常で有効に機能しているときだけ可能となるようにしなければならない．

停止機能には，3 つのカテゴリがあり，リスクアセスメント及び機械の機能要求である回路の障害を特定し，停止カテゴリ 0，停止カテゴリ 1，停止カテゴリ 2 の必要な停止機能（1 つ，または複数）を備えなければならない（**表 6.3** 参照）．

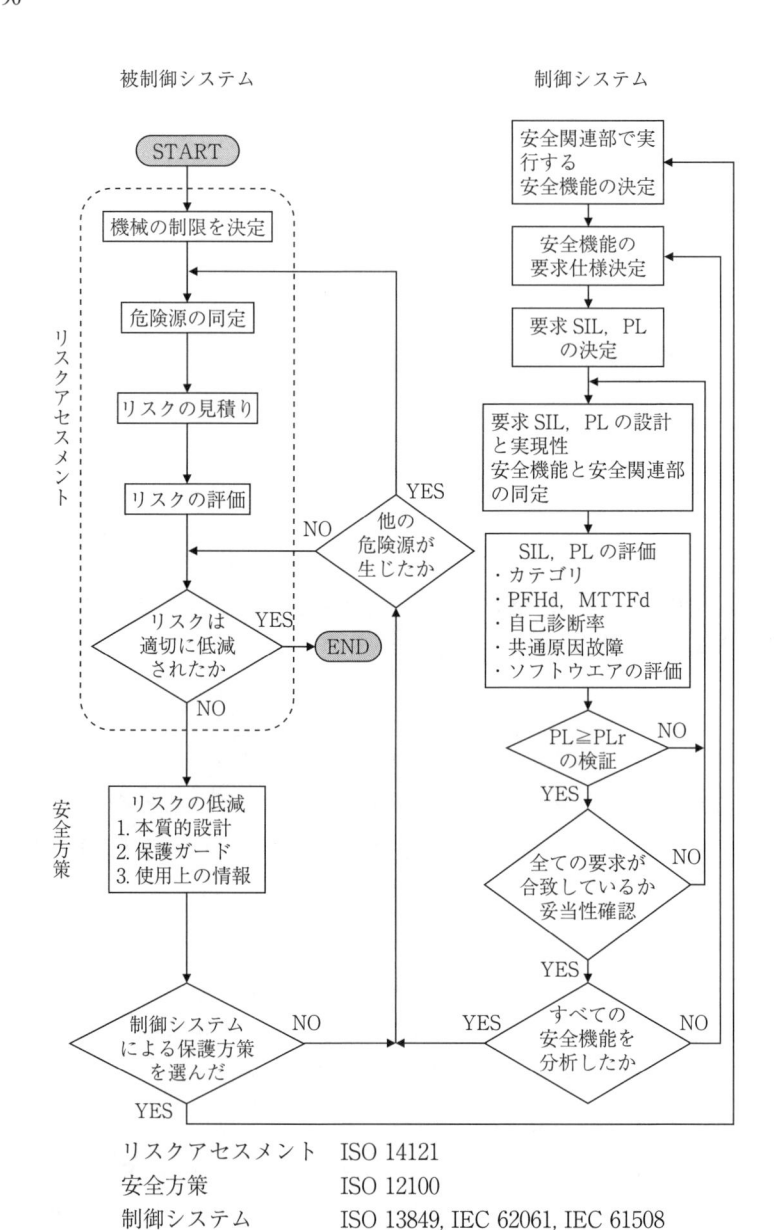

図 6.15　安全回路の設計手順

リスクアセスメント	ISO 14121
安全方策	ISO 12100
制御システム	ISO 13849, IEC 62061, IEC 61508

被制御システム側フロー（リスクアセスメント）:
START → 機械の制限を決定 → 危険源の同定 → リスクの見積り → リスクの評価 → リスクは適切に低減されたか

- YES → END
- NO → 安全方策：リスクの低減
  1. 本質的設計
  2. 保護ガード
  3. 使用上の情報
  → 制御システムによる保護方策を選んだか
  - NO → 危険源の同定へ戻る
  - YES → 制御システム側へ

他の危険源が生じたか
- YES → 危険源の同定へ
- NO → END

制御システム側フロー:
安全関連部で実行する安全機能の決定 → 安全機能の要求仕様決定 → 要求 SIL, PL の決定 → 要求 SIL, PL の設計と実現性 安全機能と安全関連部の同定 → SIL, PL の評価
・カテゴリ
・PFHd, MTTFd
・自己診断率
・共通原因故障
・ソフトウエアの評価

→ PL≧PLr の検証
- NO → 安全関連部で実行する安全機能の決定へ戻る
- YES → 全ての要求が合致しているか妥当性確認
  - NO → 安全機能の要求仕様決定へ戻る
  - YES → すべての安全機能を分析したか
    - NO → 安全関連部で実行する安全機能の決定へ戻る
    - YES → 他の危険源が生じたかへ

表6.2 安全水準レベル(SIL)及び性能レベル(PL)

SIL	IEC 61508 低頻度作動要求モード	IEC 61508 高頻度/連続作動要求モード	IEC 62061 PFH$_D$	ISO 13849 平均PFH$_D$	PL
4	—	10^{-9} 以上 10^{-8} 未満	—	—	—
3	—	10^{-8} 以上 10^{-7} 未満	10^{-8} 以上 10^{-7} 未満	10^{-8} 以上 10^{-7} 未満	e
2	—	10^{-7} 以上 10^{-6} 未満	10^{-7} 以上 10^{-6} 未満	10^{-7} 以上 10^{-6} 未満	d
1	—	10^{-6} 以上 10^{-5} 未満	10^{-6} 以上 10^{-5} 未満	10^{-6} 以上 3×10^{-5} 未満	c
				3×10^{-5} 以上 10^{-5} 未満	b
4	10^{-5} 以上 10^{-4} 未満	—	—	10^{-5} 以上 10^{-4} 未満	a
3	10^{-4} 以上 10^{-3} 未満	—	—	—	—
2	10^{-3} 以上 10^{-2} 未満	—	—	—	—
1	10^{-2} 以上 10^{-1} 未満	—	—	—	—

注) PFH$_D$：Probability of Dangerous Failure per Hour

「制御された停止」とは，機械の動作を停止するが，この停止の過程の間は機械アクチュエータへの制御電源を維持した状態の停止である．停止機能は，起動機能よりも優先し，リセットしても危険な状態を引き起こしてはならない．停止カテゴリ0は，「制御されない停止」であり，停止カテゴリ1及び2は，「制御された停止」である．また，停止カテゴリ1は，制御に時限を与えるが，停止カテゴリ2は，制御に時限を与えない．

表 6.3 停止カテゴリ

カテゴリ 0	機械アクチュエータへの動力電源及び制御電源を同時に遮断する制御されない停止
カテゴリ 1	機械アクチュエータへの動力電源を遮断する制御された停止を行った後に，時限を置いて制御電源を遮断する停止
カテゴリ 2	機械アクチュエータに制御電源を供給したままにする制御された停止

（1） 停止カテゴリ 0

動力回路及び制御回路の電源を同時に遮断する停止を**図 6.16** に示す．

（2） 停止カテゴリ 1

動力回路を遮断した後，時限を与えて制御回路を遮断する停止を**図 6.17** に示す．

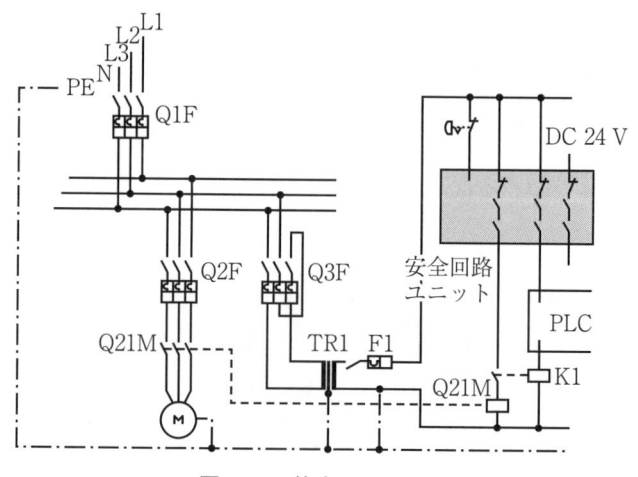

図 6.16 停止カテゴリ 0

第6章 制御回路と制御機能　93

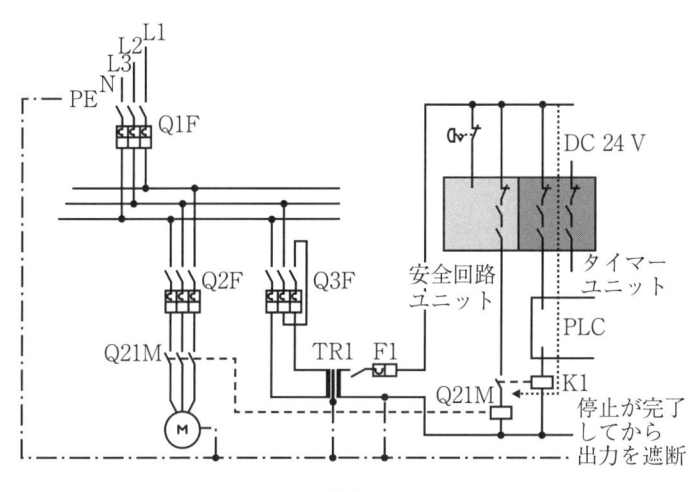

図6.17　停止カテゴリ1

(3) 停止カテゴリ2

動力回路のみ遮断する停止を**図6.18**に示す．

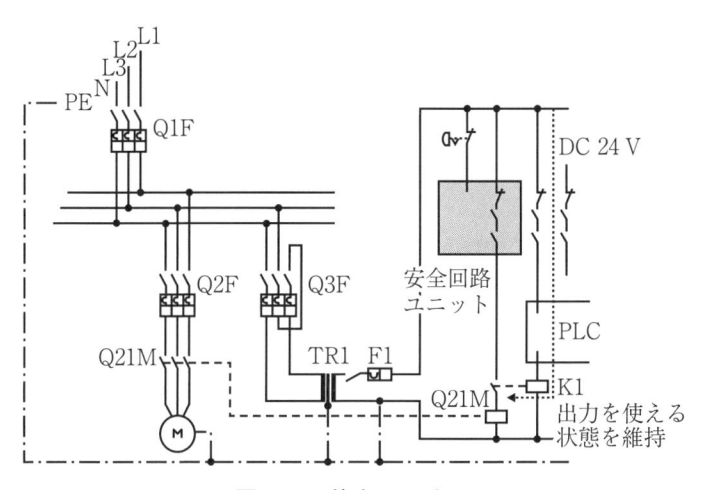

図6.18　停止カテゴリ2

6.4 操作モード及び機能中断（IEC 60204-1 9.2.3, 9.2.4項）

制御機能として，意図する用途に応じて1つ以上の操作モードを設けることが可能である．ただし，操作モードを選択した段階で，機能を開始してはならない．モード選択は制御の切り替えのみであり，機械の起動に関しては別の起動制御を必要としなければならない．操作モードに関する注意事項を示す．

— モード選択は適切な手段（例えば，キースイッチ，アクセスコード）によって防ぐこと．
— モード選択だけで機械が動作する場合，オペレータによる別の操作を必要とする．
— 安全防護は，すべてのモードにおいて有効でなければならない

また，安全機能を（例えば，段取り換えまたは保守のために）中断する必要がある場合は，意図するモード選択を固定できる機器または手段を用いて，自動運転を未然に防止しなければならない．さらに，次の手段を1つ以上持つことが望ましい．

— ホールドトゥラン機器または同等の制御機器による起動手段
— 携行式操作盤を使用中は，その操作盤だけから起動できる
— 動作速度または動作出力の制限手段
— 動作範囲の制限

6.5 非常操作（IEC 60204-1 9.2.5.4項）

非常操作には，非常停止及び非常遮断（スイッチングオフ）がある．非常停止または非常遮断の操作が行われた場合，停止機能を解除するまで停止信号を持続する．非常操作機能に対しては，次の手順を理解しておかなければならない．

① 非常操作命令を起動
② 非常操作命令を維持

表 6.4 非常停止及び非常遮断（スイッチングオフ）

	停止カテゴリ 0	停止カテゴリ 1	停止カテゴリ 2
停　　止	○	○	○
非常停止	○	○	―
非常遮断（スイッチングオフ）	○	―	―

③ 非常操作スイッチを復帰しても非常操作を維持
④ 非常操作機能は，適切な装置によって解除可能
⑤ 非常操作機能が解除しても再起動しない
⑥ 非常操作解除は，再起動を操作可能とするのみ

　非常停止または非常遮断は，他の保護装置のバックアップであり，保護装置にとって代わるものであってはならない．

　非常停止は，停止カテゴリ0又は停止カテゴリ1の停止として機能しなければならない．非常停止の停止カテゴリの選択は，機械のリスクアセスメントの結果によって決定する．非常遮断(スイッチングオフ)は，関連する入力電源を電気機械的(非半導体)スイッチで遮断(スイッチングオフ)することによって達成され，入力電源に接続されている機械アクチュエータをカテゴリ0で停止する．非常停止及び非常遮断の比較表を**表 6.4**に示す．

　また，非常操作に関してIEC 60364-5-53(電気装置の選定及び施工)に次の内容が定義されている．

- IEC 60364-5-53　536.4.1.4(464.4)　非常遮断(スイッチングオフ)：その操作がさらに別の危険を招いたり，危険を取り除くのに必要な操作を阻害するものであってはならない
- IEC 60364-5-53　536.4.1.5(464.5)　非常停止：電気によって動かし続けることが危険となる場合に設けなければならない

6.6 ホールドトゥラン制御（IEC 60204-1 9.2.6 項）

ホールドトゥラン制御とは，保持している状態で動作する制御であり，機械の運転のために制御機器の連続的な人的操作（手動保持）を必要とするものであり，両手操作制御及びイネーブル制御が主な対象となる．

両手操作制御には，3つのタイプがあり，その選択はリスクアセスメントによって決定する．

—タイプⅠ：両手で操作する2個の制御機器からなり，両手で同時操作する制御
—タイプⅡ：いったん両手を離さなければ再起動ができないタイプⅠの制御
—タイプⅢ：2つの制御機器の操作は0.5秒を超えないタイプⅡの制御

両手操作制御では，安全回路のカテゴリに基づき型式を規定している．タイプⅠは，カテゴリ1とし，タイプⅡはカテゴリ3としている．タイプⅢに関しては，タイプⅢAをカテゴリ1，タイプⅢBをカテゴリ3，及びタイプⅢCをカテゴリ4としている（**表6.5**参照）．

両手操作制御をするための2つのスイッチの取付け間隔は，沿面距離で550 mm以上とする（**図6.19**参照）．ただし，片方の腕の肘と手で操作することが不可能な構造の場合，2つのスイッチの取り付け位置の間隔は，沿面距離で260 mm以上とする．

イネーブル制御には2つのタイプがあり，2ポジションタイプ及び3ポジションタイプである．作業者の手で保持状態を維持しているときのみ，出力信号をONにできる制御である．また，イネーブル機能が不正使用される可能性を最小にしなければならない．

—カテゴリ0の停止またはカテゴリ1の停止
—人間工学の原理を考慮した設計
—2ポジションタイプについては，
　• ポジション1：スイッチのオフ機能（スイッチが押されていない状態）

表6.5 両手操作制御のタイプ

要求事項	タイプ				
	I	II	III A	III B	III C
両手の使用(同時操作)	○	○	○	○	○
入力信号と出力信号間の関係	○	○	○	○	○
出力信号の停止	○	○	○	○	○
偶発的操作の防止	○	○	○	○	○
機能不良の防止	○	○	○	○	○
出力信号の再開始	※	○	○	○	○
同期操作			○	○	○
カテゴリ1の使用(JIS B 9705-1)	○		○		
カテゴリ3の使用(JIS B 9705-1)		○		○	
カテゴリ4の使用(JIS B 9705-1)					○

※機能不良(片方の制御操作器を操作状態のままにする)を防止すること
(出典) 日本工業標準調査会(審議):『JIS B 9712:2006 機械類の安全性―両手操作制御装置―機能的側面及び設計原則』,日本規格協会,p.4, 2006年を元に作成.

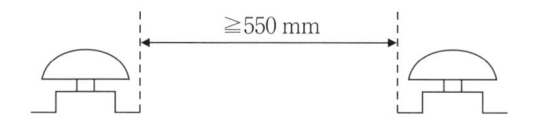

図6.19 両手操作制御のスイッチ位置の間隔

- ポジション2:イネーブル機能(スイッチが押された状態)

―3ポジションタイプについては,

- ポジション1:スイッチのオフ機能(スイッチが押されていない状態)
- ポジション2:イネーブル機能(スイッチが中間位置まで押された状態)
- ポジション3:オフ機能(スイッチが中間位置を過ぎて押された状態)

これは,決められた位置にスイッチを手動保持させ,その継続から機械を動

作させる制御である．人間工学における反射神経に対応して，危険を感知した段階で，スイッチを握る，または離す行為から，停止する制御である．また，3ポジションタイプの場合，危険検知でスイッチを握り込んだ後に手を離すような（ポジション3からポジション2に戻す）場合は，ポジション2の段階でイネーブル機能が作動してはならない．

6.7 ケーブルレス制御（IEC 60204-1 9.2.7項）

ケーブルレス制御は，無線（例えば，無線電信，赤外線）にて，信号伝送を行う制御システムである．ただし，有線（例えば，同軸，ツイストペア，光ファイバー）のシリアルデータ通信技術を使用した制御機能に適用してもよい．また，ケーブルレス制御の操作盤には，機械の全動作の停止機能を働かせる手段を備える．この停止機能によって機械の非常停止機能が働く場合であっても，非常停止を示すマーキングまたはラベリングをしてはならない．

ケーブルレス制御の注意事項として，ワイヤレス操作盤の電源遮断，アクセス手段，及び表示により使用中であることを識別できなければならない．また，制御の制限として，意図した機械または機能にのみ作用し，指定する操作盤以外からの信号で動作しない対策を行う．なお，電池電源を使用するワイヤレス操作盤では，不足電圧を検知し，操作者に警告する手段が必要である．

6.8 保護インタロック（IEC 60204-1 9.3項）

保護インタロックとして，ガード（安全防護物）の解放，オーバーラン，補助機能，可逆型コンタクタ，及び逆相制動に対する要求事項をまとめる（**表6.6**参照）．

起動機能を持つインタロック付きガード（制御式ガード）は，ISO 12100-2（設計のための基本概念）を参照し，**表6.7**にその要求事項を記載する．この要求事項のすべてを満足する場合だけ使用してもよい．

表6.6 保護インタロック

インタロック付き安全防護物の再閉鎖またはリセット	インタロック付き安全防護物をリセット，または再び閉じたとき，機械が始動することは，その始動によって危険な状態とならないこと．
オーバーランリミッタ	行き過ぎによって危険な状態が発生するおそれのある場合には，適切な制御を行うために位置センサまたはリミットスイッチを設ける
補助機能の動作	補助機能(例えば，潤滑，冷却剤供給，切りくず除去)の動作は，適切な機器(例えば，圧力センサ)によって確認する．
異なる動作間及び逆動作間のインタロック	機械の要素を制御する接触器，リレーその他の制御機器で，同時に作動したときに危険な状態をもたらす恐れのある(例えば，互いに逆向きの運動を起こさせる)ものは，このような誤動作を防ぐインタロックを備える．
逆相制動	電動機に逆相制動を使用する場合，制動終了時に電動機が逆転すると危険な状態，もしくは，機械または加工中のワークを損傷する恐れがあるときは，これを防止する

　起動機能インタロック付きガード(Interlocking guard with a start function)とは，ガードが閉じる位置に到達したら，他の起動制御器を使うことなく，危険な機械機能の起動開始指令を出すインタロック付きガードの特別な形式である．

　また，正転－逆転動作のインタロックとして，機械アクチュエータを制御する電磁接触器，補助リレー，及びその他の制御機器が，正転－逆転の同時作動により危険な状態(例えば，互いに逆向きの運動を起こさせる)を誘発する場合は，誤動作を防ぐインタロックを備えなければならない．

　―可逆形電磁接触器は，通常運転の正転－逆転の切換時に短絡が生じないようなインタロック機能を持たなければならない(**図6.20**参照)
　―相互に密接な関係を持つ機械を，安全及び正常に連続作動させる場合は，適切なインタロックを設けなければならない

表 6.7 起動機能をもつインタロック付きガードの要求事項(ISO 12100-2 5.3.2.5 項参照)

要求事項	インタロック付きガードのすべての要求事項を満たす(ISO 14119 参照).
サイクルタイム	機械のサイクルタイムが短い.
ガード開状態の最大時間	最大時間は,小さな値にプリセットする(例えば,サイクルタイムと同等).この時間を超えたとき,起動機能インタロック付きガードは閉じることによって危険な機能の開始ができなくなる.機械を再起動する前にリセットが必要である.
機械の寸法または形状	ガードが閉じている間に,人または身体の一部が危険区域,または危険区域とガードとの間にとどまることを許容しない(ISO 14120 参照).
インタロック	固定式(取外し可能なタイプ),可動式にかかわらず,すべての他のガードはインタロック付ガードである.
インタロック装置	起動機能インタロック付きガードに附属するインタロック装置は,故障により意図しないまたは予期しない起動を生じないような方法—例えば位置検出の二重系及び自動監視によって設計されている(ISO 12100 4.11.6 項参照).
ガード開状態の維持	ガードが,それ自体の重さによって下がっている間に起動を開始することができないように(例えば,スプリングまたはカウンタウエートによって)ガードは開いた状態を確実に維持する.

—二つ以上の制御装置を持つ連携して稼働する一群の機械は,制御装置間の必要な協調を図らなければならない
—メカニカルブレーキが故障して,機械アクチュエータが作動する可能性がある場合は,機械アクチュエータの電源を遮断するインタロックを設けなければならない

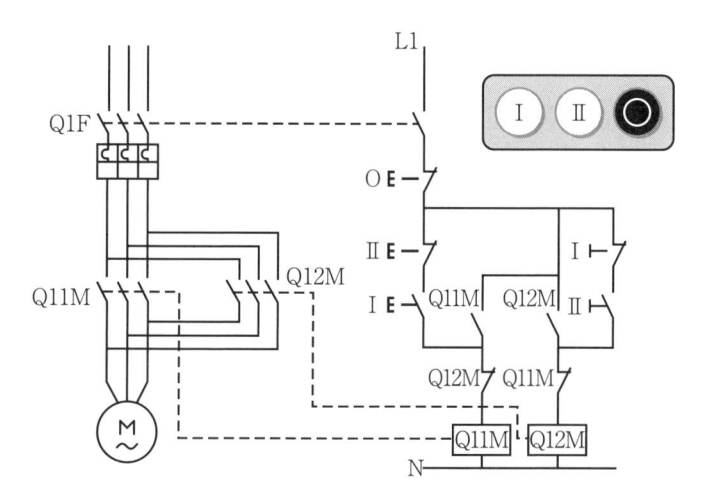

図 6.20 可逆形電磁接触器の電気的インタロック

第7章
制御機器の操作性

図7.1は，IEC 60204-1の「10 オペレータインタフェース，及び機械に取

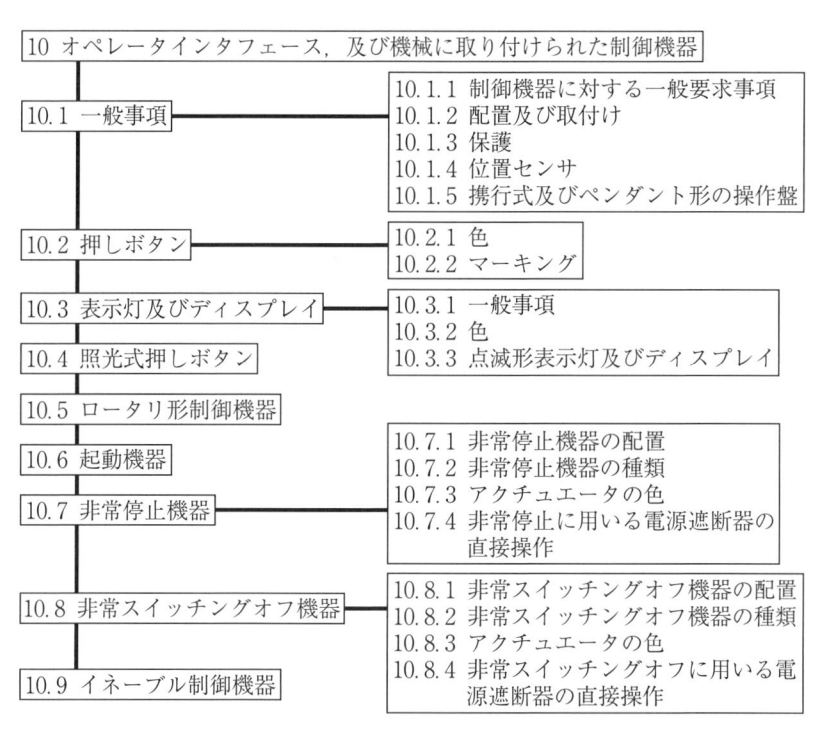

```
10 オペレータインタフェース，及び機械に取り付けられた制御機器
├─ 10.1 一般事項
│    ├─ 10.1.1 制御機器に対する一般要求事項
│    ├─ 10.1.2 配置及び取付け
│    ├─ 10.1.3 保護
│    ├─ 10.1.4 位置センサ
│    └─ 10.1.5 携行式及びペンダント形の操作盤
├─ 10.2 押しボタン
│    ├─ 10.2.1 色
│    └─ 10.2.2 マーキング
├─ 10.3 表示灯及びディスプレイ
│    ├─ 10.3.1 一般事項
│    ├─ 10.3.2 色
│    └─ 10.3.3 点滅形表示灯及びディスプレイ
├─ 10.4 照光式押しボタン
├─ 10.5 ロータリ形制御機器
├─ 10.6 起動機器
├─ 10.7 非常停止機器
│    ├─ 10.7.1 非常停止機器の配置
│    ├─ 10.7.2 非常停止機器の種類
│    ├─ 10.7.3 アクチュエータの色
│    └─ 10.7.4 非常停止に用いる電源遮断器の直接操作
├─ 10.8 非常スイッチングオフ機器
│    ├─ 10.8.1 非常スイッチングオフ機器の配置
│    ├─ 10.8.2 非常スイッチングオフ機器の種類
│    ├─ 10.8.3 アクチュエータの色
│    └─ 10.8.4 非常スイッチングオフに用いる電源遮断器の直接操作
└─ 10.9 イネーブル制御機器
```

図7.1 「オペレータインタフェース」のブロック図

り付けられた制御機器」をブロック図にしたものである．

本章は，IEC 60204-1 の「10 オペレータインタフェース，及び機械に取り付けられた制御機器」に対応しているが，内容的にはオペレータの操作性を考慮するものであることから，「制御機器の操作性」とすることで，容易な理解に結び付くと考える．

制御機器の操作性は，制御機器をアセンブリした制御装置のエンクロージャの外部に取り付ける操作用制御機器を対象として，配置，取付け，保護，位置センサ，及び可搬式操作盤を考察するものである．また，これらの制御機器は，IEC 61310 シリーズ(JIS B 9706 シリーズ)に基づき，表示，マーキング及び機能を考慮し，不慮の動作の可能性を最小限にする選択をしなければならない．

- IEC 61310-1：視覚，聴覚及び触覚シグナルの要求事項(JIS B 9706-1 参照)
- IEC 61310-2：マーキングの要求事項(JIS B 9706-2 参照)
- IEC 61310-3：アクチュエータの配置及び操作に対する要求事項(JIS B 9706-3 参照)

この国際規格は，基本的な一般原則である．具体的に要求されるアクチュエータ(例えば，押しボタンスイッチ)の識別を目的とするマーキングについては，IEC 60417(装置に用いる図記号)に対応することとなる．また，同時に，ISO 7000(装置に用いる図記号)を確認する必要がある．これは，IEC 61310-2「5. マーキングの適用」の要求事項である．

従来，「装置に用いる図記号の一般原則」として，ISO 80416 及び IEC 80416 シリーズ(JIS Z 6221 シリーズ)を参照していたが廃止となり，現在は IEC 61310(JIS B 9706)に置き換えられた．

これらの国際規格は，図記号を文字情報よりも優先して使用することを要求している．これは，機械の部品及び機能に対して，「容易な理解」及び「明瞭である」ことを要求している．国際標準(規格)を考える場合，言葉の統合が可能であれば文字情報が有効となる．しかし，言葉の統合が困難であること，及び言葉を使えない状態・環境にある人の操作を考慮し，図記号による情報が優

先されるのである．

7.1 操作性を考慮した配置及び取付け（IEC 60204-1 10.1.2, 10.1.3, 10.1.4, 10.1.5項）

制御機器の配置及び取付けは，作業及び保全のために容易にアクセス及び材料運搬などの行為によって損傷する可能性を最小限としなければならない．制御機器の操作性として，アクチュエータの「配置及び取付け」に関する次の注意点を考慮しなければならない．

―サービス及び保守のために容易に近づくことができる
―材料の運搬などにより，損傷する可能性を最小限にするよう取り付ける
―不注意となる誤操作を最小限となるように取り付ける
―制御機器は，オペレータの操作時に危険状態とはならないように取り付ける
―オペレータの通常作業位置から容易に届く範囲に取り付ける
―オペレータが立つサービスレベルから，600 mm 以上で取り付ける（**図 7.2**

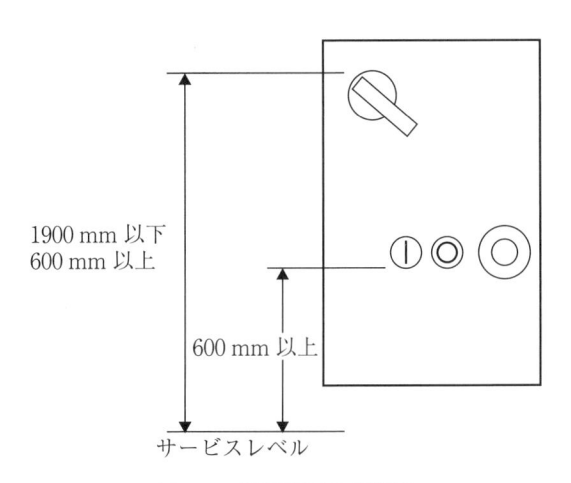

図 7.2 制御機器の取付け

表 7.1 位置センサ及び携行式操作盤

位置センサ	位置センサ(例えば,リミットスイッチ,近接スイッチ)は,オーバトラベルした場合にも損傷しないように取り付けなければならない
携行式操作盤 ペンダント形操作盤	携行式,及びペンダント形操作盤は,振動及び衝撃(例えば,操作盤の落下,障害物との衝突など)によって,機械が意図しない作動をする可能性を最小限となるように選択し,配置しなければならない.

参照)

図 7.2 に示される「取付け高さ 600 mm 以上」の要求は,人間工学に基づく人への負担を軽減するものである.低い操作位置による人体への負担を考察しなければならない.これは,オペレータ自身の健康と安全を目的とする.

また,オペレータが操作する制御機器は,目的とする使用条件で受けるストレスに耐えるものでなければならい.このストレスの対策として,制御盤及び操作盤などのエンクロージャの保護等級(本書の 8.2 節「保護等級」を参照)の選択から,その適用が要求される.これは,物理的環境(例えば,潤滑油,蒸気,及びガスなど)及び汚染物(例えば,削り屑,ゴミ,埃,及び粒状の物質など)に対する保護を目的としている.

位置センサの取付け及び携行式操作盤の配置を,表 7.1 に示す.

位置センサであるリミットスイッチは,強制開離機構(IEC 60947-5-1/JIS C 8201-5-1 参照,現在は直接開離機構と改名されているが,本書では従来より使用されている強制開離機構とする)でなければならない.これは,安全機器として要求されるものではなく,ヨーロッパ市場で流通する標準品である.したがってヨーロッパでは,産業機械の使用(表 1.2(p.8)参照,絶縁階級 "C")を目的とするリミットスイッチの場合,強制開離機構ではない製品は販売されていない(本書の第 II 部の第 21 章「リミットスイッチ」を参照).

また,圧力スイッチは,強制開離機構と同等の信頼性として,並列冗長系及びセルフチェックできる「非対象故障モード」の製品でなければならない.

7.2 表示灯及び表示器(IEC 60204-1 10.3.1, 10.3.2, 10.3.3 項)

　表示灯及び表示器は，情報を表示(伝達)するものである．警告表示に用いる表示灯の回路には，表示灯の作動をテストする手段を備えなければならない．表示の目的は，要求及び確認である(**表7.2**参照)．
　—要求：オペレータの注意を引く，または作業を要求していることを表示する．通常このモードに赤，黄，緑または青を使用する
　—確認：指令・状態の確認，または変化・移行の完了の確認である．通常このモードに青及び白を使用する．場合によっては緑を使用してもよい
　点滅形の表示灯・表示器は，より細かい区別，情報伝達，及び特に強調の意味を追加するために，点滅灯及び点滅表示器を使用することができる．注意の喚起，即時的行為の要求，指示と条件の不一致，及び進行中の変更など，優先度の高い情報用として用いることが望ましい．

表7.2　表示灯の色及び意味

色	赤	黄	緑	青	白
意味	非常	異常	正常	強制	中立
解釈	危険状態	異常状態 危険が差し迫った状態	正常状態	オペレータの行動を必要とする状態	その他の状態：赤，黄，緑，青の使用に疑問がある場合
オペレータの行動	危険な状態への即時対応 (例えば，非常停止操作)	監視及び/または介入 (例えば，意図する機能の再設定)	任意	必要な行動	監視

7.3 押しボタン及び照光式押しボタン(IEC 60204-1 10.2, 10.4項)

押しボタンのアクチュエータの色及び適用を，表7.3に示す．

ここでの注意事項として，機械の再起動時の災害が多いことから，リセット押しボタンを取り上げる．IEC 60204-1 の記載内容を次に示す．

> リセット押しボタンは，青，白，灰，黒としなければならない．それらがStop/OFF を兼ねる場合は，白，灰，黒がよく，特に黒が望ましい．緑は，用いてはならない．

表7.3 押しボタンの色及び適用

色	赤	黄	緑	青	白	灰	黒
意味	非常	異常	正常	強制	規定しない		
説明	危険な状態または非常時に作動させる	異常発生時に作動させる	起動のために作動させる	行動を必要とする状態で作動させる	非常停止以外の一般的開始（備考参照）		
適用例	非常停止非常機能の開始	異常状態を抑制するための介入 中断した自動サイクルを再起動するための介入		リセット機能	起動(Start)(優先)停止(Stop)	起動(Start)停止(Stop)	起動(Start)停止(Stop)(優先)

備考　押しボタン形アクチュエータを識別するための補助的な方法(例えば，形・位置・感触)を使用する場合には，種々の機能に同じ白，灰または黒を使用してもよい(例えば，起動(Start)と停止(Stop)に白を使用する)

これは，リセット押しボタンを設けない場合は，スタート押しボタンを押す前に，ストップ押しボタンを押さなければならないということである．ストップ押しボタンをリセット押しボタンの代わりとして，システムの健全性を確認し，起動するものである(**図7.3**参照)．

押しボタンは，アクチュエータの近くか，望ましくはその上に直接記号を表示することを推奨する．押しボタンのアクチュエータのマーキングを，**表7.4**

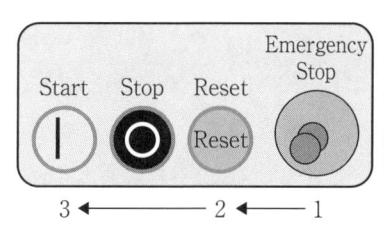

| Start | Stop | Reset | Emergency Stop | | リセット押しボタンのアクチュエータを青とする場合 |

リセット押しボタンのアクチュエータを青とする場合

非常停止後の再起動は，左図の手順とすること

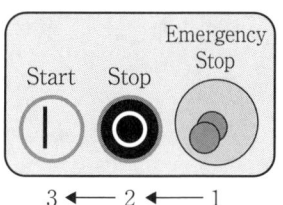

リセット押しボタンのアクチュエータが，Stop/OFFを兼ねるとして，黒とする場合

非常停止後の再起動は，左図の手順とすること

図7.3　リセット押しボタン

表7.4　押しボタンのマーキング

起動(スタート)	停止(ストップ)	起動/停止 スタート/ストップ オルタナティブ形 押しボタン	押した時に起動(スタート)，放した時に停止(ストップの押しボタン)(したがって，ホールドトゥラン)
モーメンタリ形 押しボタン	モーメンタリ形 押しボタン		
|	○	ⓘ	Ⓣ

(出典)　日本工業標準調査会(審議)：『JIS B 9960-1：2008　機械類の安全性─機械の電気装置─第1部：一般要求事項』，日本規格協会，p.48, 2008年を元に作成．

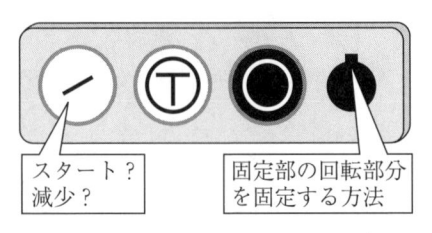

図 7.4　回転部の固定方法（参考）

に示す．

　照光式押しボタンのアクチュエータには，表7.3及び後述の表7.5による色分けを用いなければならない．表示灯は，作業を要求しているため，「点灯すれば押す」といった手順が要求される．しかし，わが国は，「押したら点灯する」が標準であるため，国際規格要求とは異なることに留意しなければならない．したがって，グローバルな設計をする場合，照光式押しボタンスイッチの採用には注意を要する．

7.4　ロータリ型制御機器（IEC 60204-1　10.5項）

　ポテンショメータ，セレクタスイッチ，キィースイッチ，及びカムスイッチなどが対象となり，固定部が回転しないように取り付けなければならない．摩擦力だけに頼る固定では十分ではない（**図7.4**参照）．

7.5　非常操作用機器（IEC 60204-1　10.7, 10.8項）

　非常操作用機器には，非常停止用及び非常遮断（スイッチングオフ）用の2種類がある（**表7.5**参照）．ただし，非常停止用機器及び非常遮断用機器との設置識別が必要になることがある．

　この場合は，非常遮断用機器のアクチュエータを硝子などでカバーすることもある．非常操作用機器（非常停止，非常遮断）のアクチュエータは赤色とし，

表 7.5　非常操作用機器

	非常停止	非常遮断 （スイッチングオフ）
配置場所	・非常停止用機器は，即座に操作 ・カテゴリー0または1の停止となる ・すべてのオペレータ操作位置に配置 ・非常停止が必要となる場所に配置	・非常遮断用機器は，即座に操作 ・カテゴリー0の停止となる ・オペレータの操作盤とは別の配置
種　類	・押しボタンスイッチ ・コードを引くことで作動するスイッチ ・ハンドル ・機械的ガードのないペダルスイッチ	・押しボタンスイッチ ・コードを引くことで作動するスイッチ ・ハンドル
	・自己保持形 ・強制開離機構	・自己保持形 ・強制開離機構 （ガラス粉砕型エンクロージャ）[※1]
非常操作後の通常機能の復帰	・非常停止用機器を手でリセットするまで，非常停止回路の復帰が不可能 ・1つの回路に複数の非常停止用機器がある場合，すべての非常操作用機器がリセットされるまで，その回路の復帰は不可能	
アクチュエータ	・アクチュエータは，赤色でなければならない ・取付けベースは黄色とする ・押しボタン形は，手のひらで押す形，またはキノコ形ヘッドであること	

※1　非常停止と設置の識別が必要な場合の手段の例

アクチュエータのすぐ背後は黄色としなければならず，容易にアクセスできるように配置しなければならない．また，接点は強制開離機構（直接開離機構）でなければならない．

　また，制御盤のメインスイッチである電源遮断器の外部操作ハンドルの直接操作を非常停止機能として用いてもよい．ただし，電源遮断器の外部操作ハンドルは，容易にアクセス可能であり，アクチュエータは赤色，固定部は黄色としなければならない．本件及びISO 13850/JIS B 9703（機械類の安全性―非常停止―設計原則）の4.4.1項に示されるアクチュエータの種類として記載される「ハンドル」を，表7.4の種類に追加記載した．IEC 60204-1には非常操作機器の種類として「ハンドル」の記載はないが，「10.7.4非常停止に用いる電源遮断器の直接操作」及び「10.8.4非常スイッチングオフに用いる電源遮断器の直接操作」の要求事項は「ハンドル」を含んでいることから表7.4に記載し，内容をまとめたものである．また，本書4.2節の(3)項「電源遮断器の要求事項」を参照されたい．

7.6　イネーブル制御機器（IEC 60204-1　10.9項）

　イネーブル制御機器を制御装置に常設し，システムの一部として用いる場合は，本書6.6節「ホールド トゥ ラン制御」に示す2ポジションタイプまたは3ポジションタイプとし，ホールド トゥ ラン制御とする操作ポジションにおいてのみ運転が許されるようにしなければならない．

第 8 章
制御装置の保全性

　図 8.1 は，IEC 60204-1 の「11 コントロールギアの配置，取付け，及びエンクロージャ」をブロック図にしたものである．

　コントロールギアとは，電力消費機器を意図したもので，開閉装置及びこれに結合する制御，計測，保護，及び調整機器との組合せ，ならびに相互接続，

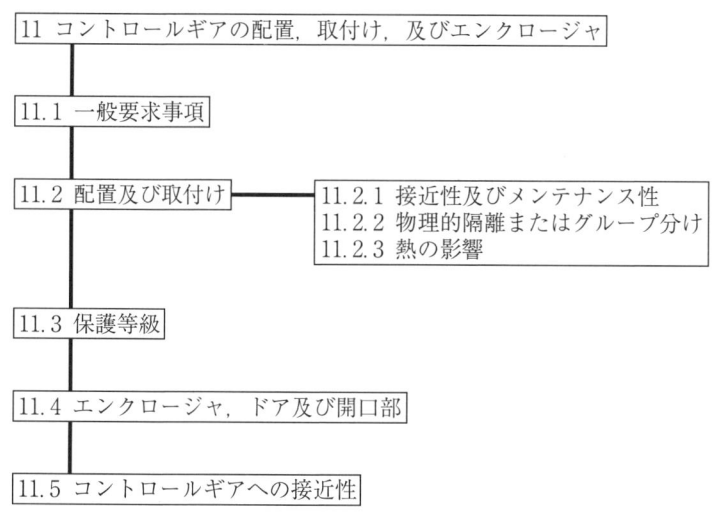

```
┌─────────────────────────────────────────────┐
│ 11 コントロールギアの配置，取付け，及びエンクロージャ │
└─────────────────────────────────────────────┘
  │
  ├─┬──────────────────────┐
  │ │ 11.1 一般要求事項      │
  │ └──────────────────────┘
  │
  ├─┬──────────────────────┐     ┌─────────────────────────────┐
  │ │ 11.2 配置及び取付け    │─────│ 11.2.1 接近性及びメンテナンス性 │
  │ └──────────────────────┘     │ 11.2.2 物理的隔離またはグループ分け │
  │                              │ 11.2.3 熱の影響                │
  │                              └─────────────────────────────┘
  │
  ├─┬──────────────┐
  │ │ 11.3 保護等級 │
  │ └──────────────┘
  │
  ├─┬────────────────────────────────┐
  │ │ 11.4 エンクロージャ，ドア及び開口部 │
  │ └────────────────────────────────┘
  │
  └─┬──────────────────────────────┐
    │ 11.5 コントロールギアへの接近性 │
    └──────────────────────────────┘
```

　　図 8.1 「コントロールギアの配置，取付け，及びエンクロージャ」
　　　　　のブロック図

付属品，エンクロージャ及び支持構造体と結合した装置，ならびに機器のアセンブリをしたものである．本書は，コントールギアをJIS B 9960-1と同様に「制御装置」と呼ぶ．

8.1 保全性を考慮した配置及び取付け（IEC 60204-1 11.1項）

制御装置は，接近性，保全性，外的影響の保護，及び運転を考慮して配置及び取付けをしなければならない．また，制御装置の配置及び取付けは，保全性の要求であり，「接近性及び保全性」，「隔離またはグループ分け」，及び「熱の影響」を考慮しなければならない．

（1） 接近性及び保全性（IEC 60204-1 11.2.1項）

すべての制御装置にアセンブリされる機器は，前面から簡単に操作及び保守が可能な取付け位置でなければならない．機器は，移動及び配線の取外しを行わないで識別できるように配置しなければならない．機器の動作確認または交換が必要となる場合は，他の装置及び機器を外さずに確認・交換が行えること

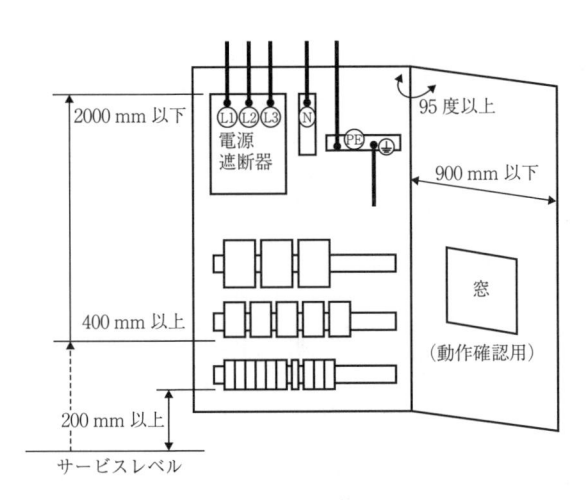

図8.2 配置及び取付け

が望ましい．機器を取り外すために特殊工具が必要な場合は，特殊工具を提供する．操作及びメンテナンスは，前面から400 mm〜2000 mmの間に位置する．端子は，少なくとも200 mm以上とする（図8.2参照）．

操作，表示，測定及び冷却以外の用途に用いる機器を，エンクロージャの扉または通常取外し可能なカバーに取り付けてはならない．通常運転中に取り扱う複数のプラグイン形式の機器は，互換性がなく，また受け側との組合せを誤ると機能が正しく作動しない場合は，誤挿入できない構造にしなければならない．

さらに，機械側に取り付ける位置センサなども，保全性を考慮し，サービスレベルから少なくとも200 mm以上とする．

（2） 隔離またはグループ分け（IEC 60204-1 11.2.2, 11.2.3項）

制御装置には，制御機器のみを設置することを基本とする．したがって，制御機器と直接関係ない部品及び機器は，制御機器を収納するエンクロージャ内に配置してはならない．また，電磁弁のような機器は，他の電気機器から隔離することが望ましい．端子は，グループ分けしなければならない．各グループ（動力回路，制御回路，インタロック）が，容易（例えば，マーキング，寸法の違い，隔壁，色分けなどによって）に識別できる場合は，各グループを隣接して取り付けてもよい（図8.3参照）．

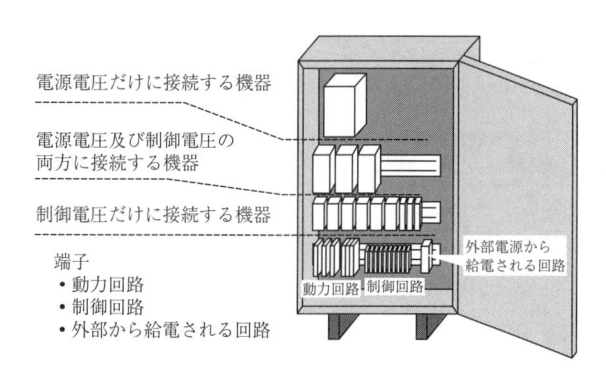

図8.3 隔離またはグループ分け

なお，熱を発生する機器(例えば，ヒートシンク，電力抵抗器など)は，近接する機器に影響を与えない許容温度内となるように配置しなければならない．

8.2 保護等級(IEC 60204-1 11.3項)

制御装置(コントロールギア)は，固形物及び液体の侵入に対して保護しなければならない．制御装置のエンクロージャは，少なくともIP 22の保護等級(EN 60529参照)を確保しなければならない．機械の運転が意図された外部の影響(設置場所，物理的環境条件)を考慮して適切な保護能力を確保しなければならない．また，ほこり，冷却剤，削りくずなどに対しても十分なものでなければならない．制御装置の代表的な保護等級を，**表8.1**に示す．

エンクロージャの保護は，IEC 62208(EN 62208及びEN 50298)で規定されており，これは1000 Vac及び1500 Vdcまでのエンクロージャの要求である．これは，強度としてIKコードを規定している．国際規格においては，エンクロージャの強度試験後に防塵・防水試験を行うこととなっている．したがって，IKコードの試験後にIPコードの試験が要求されている．

この場合，金属性エンクロージャは「割れないが凹む」が，プラスチック性エンクロージャは「割れない凹まない」．IEC 62208(低電圧開閉装置及び制御

表8.1 保護等級の適用例

電動機始動用抵抗器及び大形装置だけを収納する換気式エンクロージャ	IP 10
その他の装置を収納する換気式エンクロージャ	IP 32
一般産業用エンクロージャ	IP 32, IP 43, IP 54
(ホースによる)低圧の洗浄水がかかる場所で用いるエンクロージャ	IP 55
粉塵に対して保護するエンクロージャ	IP 65
スリップリング機構を収納したエンクロージャ	IP 2X

装置アセンブリのためのエンクロージャ)及び IEC 50629(エンクロージャによる保護等級(IP コード))の要求から，エンクロージャが衝撃を受けて凹んだ場合は，IP コード試験の適合は無効になる．したがって，IEC 62208(IK コード)の要求を満足した後に，IEC 60529(IP コード)の要求を満足しなければならない(**表 8.2** 及び本書第 II 部の第 24 章参照)．

表 8.2 耐衝撃性及び侵入(固形物及び液体)の防御

IEC 62208		IEC 60529			
IK	衝　撃	IP_X	固形物	IPX_	液　体
00	無保護	0	無保護	0	無保護
01-05	< 1 joule	1	直径 50 mm	1	鉛直に落下する水滴
06	1 joule の衝撃 500 g×20 cm	2	直径 12 mm	2	鉛直に対して両側に 15°以内の水滴
07	2 joule の衝撃 500 g×40 cm	3	直径 2.5 mm	3	鉛直に対して両側に 60°以内の水滴
08	5 joule の衝撃 1700 g×29.5 cm	4	直径 1 mm	4	全方向からの飛まつ水
09	10 joule の衝撃 5000g×20 cm	5	防　塵	5	全方向からノズルによる噴流水
10	20 joule の衝撃 5000 g×40 cm	6	耐　塵	6	全方向からノズルによるジェット噴流水
				7	規定による圧力と時間で水中
				8	潜水状態
				9	ドイツ提案で検討中．高速洗浄

8.3 エンクロージャ，ドア及び開口部（IEC 60204-1 11.4項）

　エンクロージャは，通常の使用状態における機械的，電気的及び熱的ストレス，ならびに湿度及びその他の環境要因の影響に耐える材料で製造しなければならない．エンクロージャの扉は，幅を900 mm以下とし，垂直に丁番を付け，95°以上開くことを推奨する．内部に取り付けた「動作確認用の窓」の材料は，機械的・化学的強度(例えば，強化ガラス，または厚さ3 mm以上のポリカーボネート板)を持つものでなければならない．図8.2の配置及び取付けを参照されたい．

8.4 制御装置へのアクセス（IEC 60204-1 11.5項）

　制御装置である制御盤にアクセスする場合は，装置が充電される可能性，または導電部が露出する場所では，少なくとも1000 mmの障害物(制御盤の扉は

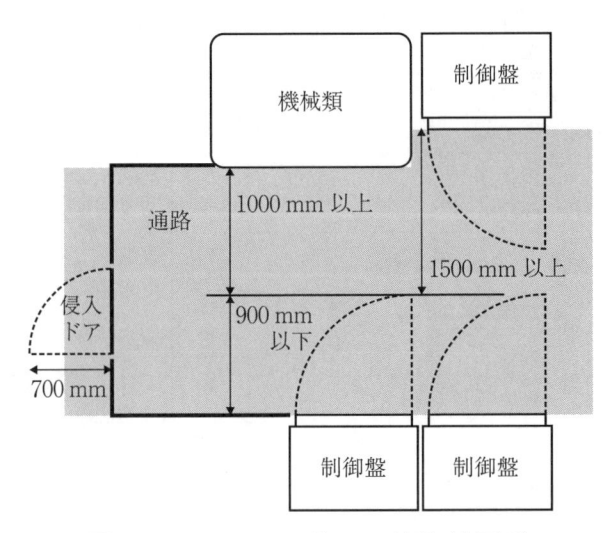

図8.4　コントロールギアへの接近（上面図）

障害物である)のない幅を確保しなければならない．このような部分が通路の両側に存在する場合は，少なくとも 1500 mm の障害物のない幅を確保しなければならない(**図 8.4 参照**)．

　通路のドア及び制御装置区域への侵入ドアは，少なくとも，幅 700 mm，高さ 2100 mm を確保し，外側に開く，及び内側からキーまたは工具を用いずに開けられる手段(例えば，パニックボルト)を設けなければならない．

第9章
導体・ケーブルの選択及び配線方法

図 **9.1** 及び図 **9.2** は，IEC 60204-1 の「12 導体及びケーブル」及び「13 配線」をブロック図にしたものである．

9.1 導体・ケーブルの選択及び配線方法（IEC 60204-1 12.1項）

導体及びケーブルは，内的影響及び外的影響に耐える適切なもの選定しなければならない（**表 9.1** 参照）．

内的影響は，IEC 60204 では使用されていない用語であるが，導体及びケーブル自身の使用条件に対する影響を意味することとし，本書で使用する用語とする．また，外的影響は，IEC 60204 で使用されている用語であり，表9.1に示す内容に基づくが，周囲温度の基本を40℃としていることを念頭におく必要がある．

（1） 導体（IEC 60204-1 12.2項）

導体・ケーブルは，銅製を用いることを標準とする．導体の断面積は，国際レベルで統一されていないことから，簡易的に比較表を作成した（**表 9.2** 参照）．ただし，実際の設計及び採用時には，導体を供給するメーカーの仕様を確認しなければならない．

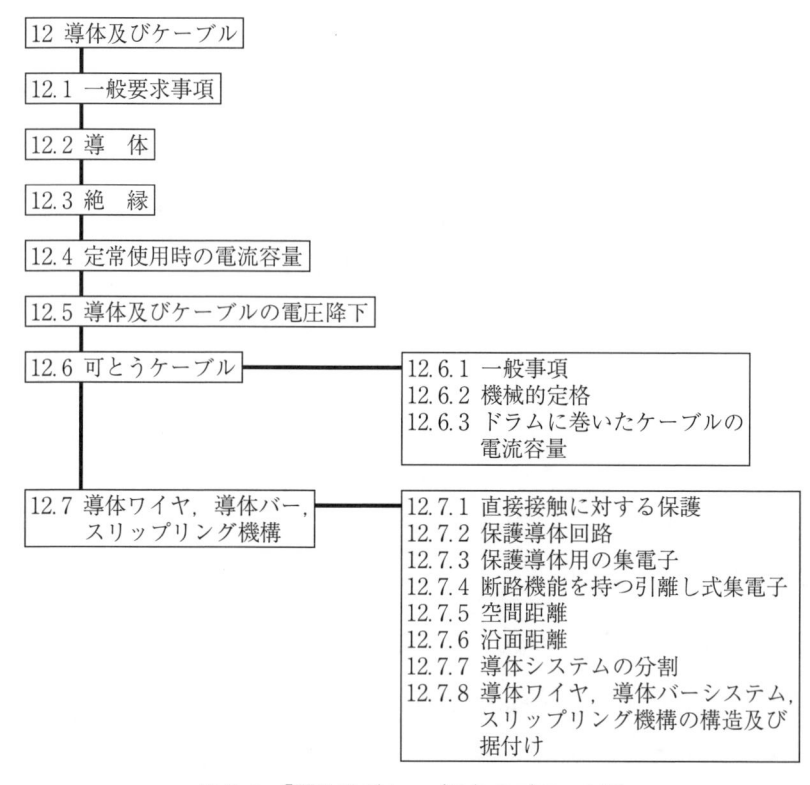

```
12 導体及びケーブル
 ├ 12.1 一般要求事項
 ├ 12.2 導 体
 ├ 12.3 絶 縁
 ├ 12.4 定常使用時の電流容量
 ├ 12.5 導体及びケーブルの電圧降下
 ├ 12.6 可とうケーブル ─┬ 12.6.1 一般事項
 │                      ├ 12.6.2 機械的定格
 │                      └ 12.6.3 ドラムに巻いたケーブルの
 │                              電流容量
 └ 12.7 導体ワイヤ,導体バー, ─┬ 12.7.1 直接接触に対する保護
      スリップリング機構      ├ 12.7.2 保護導体回路
                              ├ 12.7.3 保護導体用の集電子
                              ├ 12.7.4 断路機能を持つ引離し式集電子
                              ├ 12.7.5 空間距離
                              ├ 12.7.6 沿面距離
                              ├ 12.7.7 導体システムの分割
                              └ 12.7.8 導体ワイヤ,導体バーシステム,
                                      スリップリング機構の構造及び
                                      据付け
```

図 9.1 「導体及びケーブル」のブロック図

銅導体の断面積は,適切な機械的強度を確保するために,**表 9.3** に示す値未満であってはならない.ただし,アルミニウムを使用する場合は,断面積を 16 mm^2 以上としなければならない.

表 9.3 に示す導体のクラスを,**表 9.4** に示す.

表 9.3 に示した最小断面積の使用例を,**図 9.3** に示す.

（2） **絶縁被覆**(IEC 60204-1 12.3 項)

絶縁被覆の種類及び許容温度を,**表 9.5** に示す.

絶縁被覆は,耐電圧試験を行わなければならない(**図 9.4** 参照).

13 配線

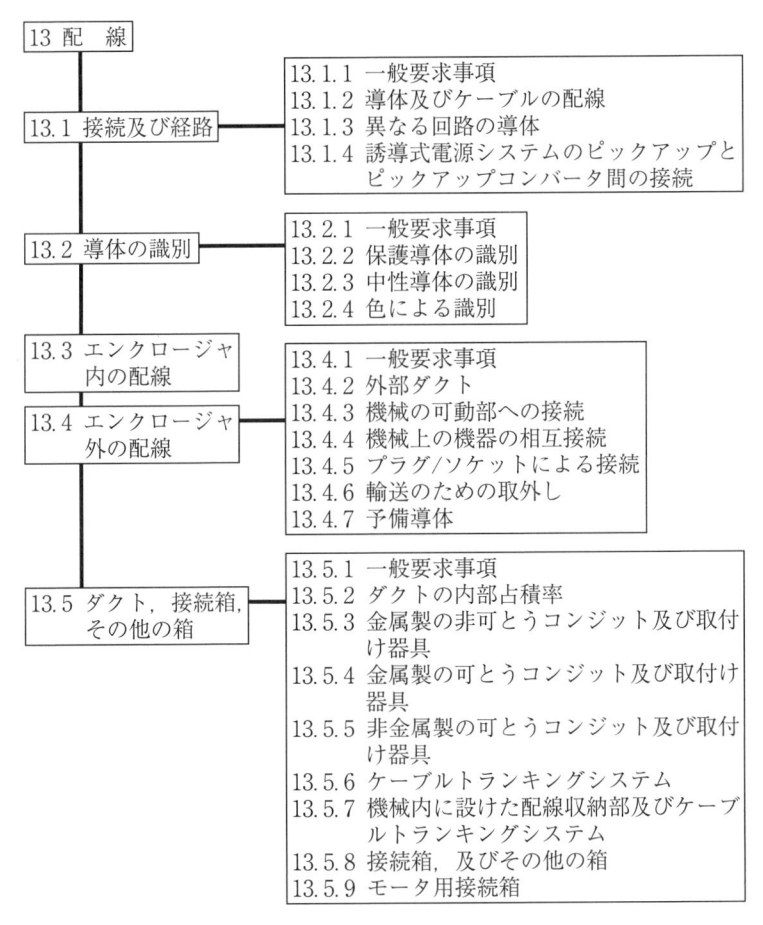

- **13.1 接続及び経路**
  - 13.1.1 一般要求事項
  - 13.1.2 導体及びケーブルの配線
  - 13.1.3 異なる回路の導体
  - 13.1.4 誘導式電源システムのピックアップとピックアップコンバータ間の接続

- **13.2 導体の識別**
  - 13.2.1 一般要求事項
  - 13.2.2 保護導体の識別
  - 13.2.3 中性導体の識別
  - 13.2.4 色による識別

- **13.3 エンクロージャ内の配線**

- **13.4 エンクロージャ外の配線**
  - 13.4.1 一般要求事項
  - 13.4.2 外部ダクト
  - 13.4.3 機械の可動部への接続
  - 13.4.4 機械上の機器の相互接続
  - 13.4.5 プラグ/ソケットによる接続
  - 13.4.6 輸送のための取外し
  - 13.4.7 予備導体

- **13.5 ダクト,接続箱,その他の箱**
  - 13.5.1 一般要求事項
  - 13.5.2 ダクトの内部占積率
  - 13.5.3 金属製の非可とうコンジット及び取付け器具
  - 13.5.4 金属製の可とうコンジット及び取付け器具
  - 13.5.5 非金属製の可とうコンジット及び取付け器具
  - 13.5.6 ケーブルトランキングシステム
  - 13.5.7 機械内に設けた配線収納部及びケーブルトランキングシステム
  - 13.5.8 接続箱,及びその他の箱
  - 13.5.9 モータ用接続箱

図 9.2 「配線」のブロック図

表 9.1 内的影響及び外的影響

内的影響	電圧,電流,感電(直接接触,間接接触),温度(ケーブルの密集度)
外的影響	周囲温度,水,腐食性物質の存在,機械的応力,火災

表 9.2　国際レベルでの導体断面積の比較表

日本	EU（欧州）	USA（欧米）	
断面積 (mm²)	断面積 (mm²)	AWG	断面積 (mm²)
0.08	—	28	0.08
0.1	—	27	0.1
0.15	—	26	0.14
0.2	—	24	0.22
0.3	0.4	22	0.324
0.5	0.5	20	0.519
0.75	—	19	0.653
—	0.75	18	0.823
1.25	1	17	1.04
—	1.5	16	1.31
2	—	14	2.08
—	2.5	13	2.62
3.5	4	12	3.31
5.5	6	10	5.261
8	10	8	8.367
14	16	6	13.3
22	25	4	21.15
—	35	2	33.62
38	—	1	42.41
—	50	1/0	53.49
60	70	2/0	67.43
—	—	3/0	85.01
100	95	4/0	107.2

表 9.3 銅導体の最小断面積

使用場所	用途	電線及びケーブルの種類				
		単心 撚り線 クラス5 クラス6	単心 単線 クラス1 クラス2	2心 シールド 付	2心 シールド なし	3心以上 シールド 付/なし
エンクロージャ外	動力用固定配線	1.0	1.5	0.75	0.75	0.75
	機械の高頻度可動部への接続	1.0	—	0.75	0.75	0.75
	制御回路内の接続	1.0	1.0	0.2	0.5	0.2
	データ通信用配線	—	—	—	—	0.08
エンクロージャ内	動力用固定配線	0.75	0.75	0.75	0.75	0.75
	制御回路内の接続	0.2	0.2	0.2	0.2	0.2
	データ通信用配線	—	—	—	—	0.08

備考　単位は，mm^2
(出典)　日本工業標準調査会(審議):『JIS B 9960-1:2008　機械類の安全性—機械の電気装置—第1部:一般要求事項』，日本規格協会，p.54，2008年を元に作成.

表 9.4 導体のクラス

クラス	仕様	用途
1	銅またはアルミニウムの単線	固定据付品
2	銅またはアルミニウムの撚り線	
5	フレキシブルな銅の撚り線	振動のある固定据付機械用， 可動部への接続用
6	クラス5よりさらにフレキシブルな導体を用いた銅の撚り線	頻繁に運動する機械装置用

(出典)　日本工業標準調査会(審議):『JIS B 9960-1:2008　機械類の安全性—機械の電気装置—第1部:一般要求事項』，日本規格協会，p.89，2008年.

```
       L1
       L2
       L3
       N
       PE
```

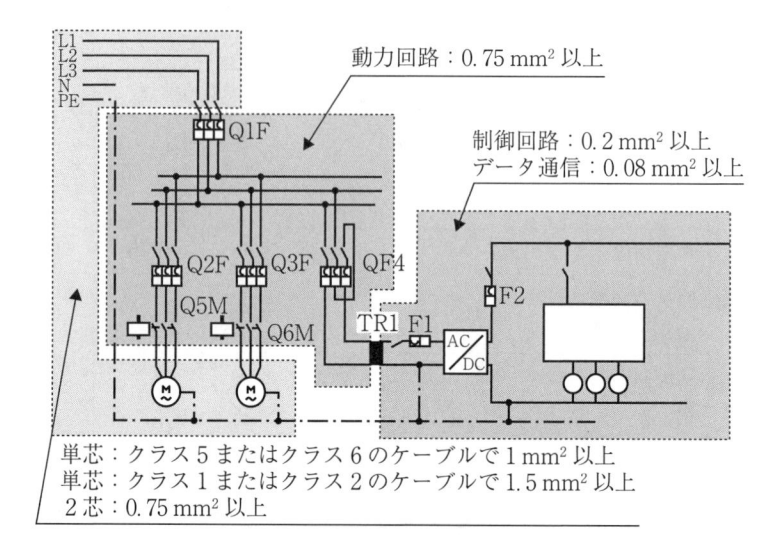

動力回路：0.75 mm² 以上

制御回路：0.2 mm² 以上
データ通信：0.08 mm² 以上

Q1F, Q2F, Q3F, QF4, Q5M, Q6M, TR1, F1, F2, AC/DC

単芯：クラス5またはクラス6のケーブルで1 mm² 以上
単芯：クラス1またはクラス2のケーブルで1.5 mm² 以上
2芯：0.75 mm² 以上

図 9.3　導体の使用例

表 9.5　絶縁被覆の種類及び許容温度

絶縁体の種類	定常時の最高許容導体温度(℃)	短絡時の短時間最高許容導体温度(℃)(注記2参照)
ポリ塩化ビニール(PVC)	70	160
ゴ　ム	60	200
架橋ポリエチレン(XLPE)	90	250
エチレンプロピレンゴム混合物(EPR)	90	250
シリコンゴム(SiR)	180	350

注記1　銅導体は，すずメッキまたはメッキなしでは200℃以上の短時導体温度には適さない．200℃を超える用途には銀メッキまたはニッケルメッキのものが適する．
注記2　これらの値は，経過時間5秒以内の断熱作用に基づくものである．
(出典)　日本工業標準調査会(審議)：『JIS B 9960-1：2008　機械類の安全性—機械の電気装置—第1部：一般要求事項』，日本規格協会, p.91, 2008年．

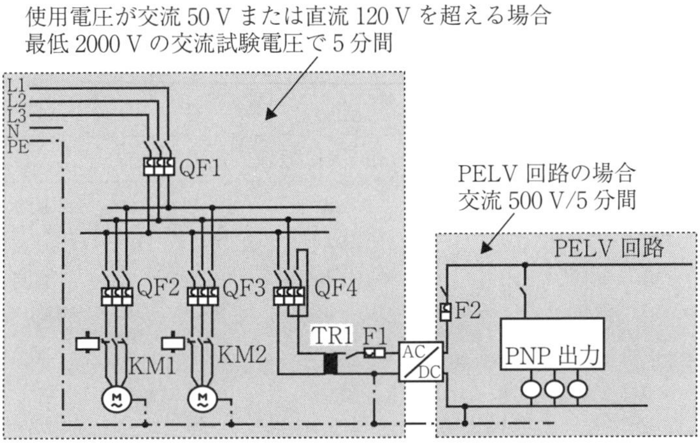
使用電圧が交流 50 V または直流 120 V を超える場合
最低 2000 V の交流試験電圧で 5 分間
L1
L2
L3
N
PE
QF1
QF2
QF3
QF4
KM1
KM2
TR1
F1
AC
DC
PELV 回路の場合
交流 500 V/5 分間
PELV 回路
F2
PNP 出力

図 9.4　絶縁試験

導体及びケーブルの絶縁が，火災の誘発，毒性または腐食性煙霧の発生によって危険源となる可能性がある場合は，電線供給者の指示を求めることが望ましい．

(3)　通常使用時の電流容量(IEC 60204-1　12.4 項)

電流容量は，取付け方法により異なる．内的影響として，導体及びケーブルは，電流が流れるとジュール熱が発生する．この熱は，絶縁被覆に伝わり，外部空間に放熱する．ここで，発熱，熱伝動，及び熱伝達のバランスにより，絶縁被覆の温度が決まる．絶縁被覆には，熱劣化による寿命の限界があり，温度が高くなるほど寿命は短くなる．絶縁被覆に使用される材料の多くは，8～10℃ の温度上昇で，寿命が 50% になるといわれている．絶縁被覆の温度は，被覆に使用される材料の定格温度を超えない最大の電流を求めなければならない．また，この温度は，ケーブルの密集度による影響から，取付け方法により「電気容量」が決定される．

また，外的影響として，導体及びケーブルの使用環境及び取付け状態(例えば，絶縁材料，ケーブル内の導体数，シース設計，布設方法，密集度，周囲温

表 9.6 周囲温度 40℃ における電流容量の例

断面積 mm^2	取付け方法			
	B1	B2	C	E
	3相回路の電流容量 I_Z(A)			
0.75	8.6	8.5	9.8	10.4
1.0	10.3	10.1	11.7	12.4
1.5	13.5	13.1	15.2	16.1
2.5	18.3	17.4	21	22
4	24	23	28	30
6	31	30	36	37
10	44	40	50	52
16	59	54	66	70
25	77	70	84	88
35	96	86	104	110
50	117	103	125	133
70	149	130	160	171
95	180	156	194	207
120	208	179	225	240
電子回路用 (ペア線) 0.20 0.5 0.75	適用外 適用外 適用外	4.3 7.5 9.0	4.4 7.5 9.5	4.4 7.8 10

(出典) 日本工業標準調査会(審議):『JIS B 9960-1:2008 機械類の安全性―機械の電気装置―第1部:一般要求事項』,日本規格協会,p.56, 2008年.

度)により,影響を受ける.外部の温度により「電気容量」が決定される(**表 9.6** 参照).

表 9.6 の電流容量は,周囲温度 40℃ を基本とし,3相交流の電源/動力回路1系統の断面積を 0.75 mm^2 以上とし,単相制御回路1系統の断面積を 0.2 mm^2〜0.75 mm^2 とする.表 9.6 の取付け方法を,**図 9.5** に示す.

また,周囲温度 40℃ と異なる使用環境では,**表 9.7** に示す補正係数を乗じて設計しなければならない.

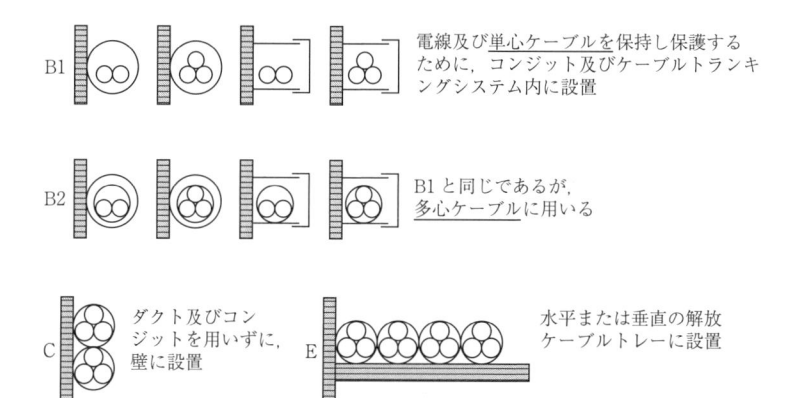

第 9 章　導体・ケーブルの選択及び配線方法　129

B1　電線及び単心ケーブルを保持し保護するために，コンジット及びケーブルトランキングシステム内に設置

B2　B1 と同じであるが，多心ケーブルに用いる

C　ダクト及びコンジットを用いずに，壁に設置

E　水平または垂直の解放ケーブルトレーに設置

図 9.5　導体・ケーブルの取付け方法

（出典）　日本工業標準調査会（審議）：『JIS B 9960-1：2008　機械類の安全性―機械の電気装置―第 1 部：一般要求事項』，日本規格協会，p.88，2008 年を元に作成．

表 9.7　導体・ケーブルの補正係数

周囲温度(℃)	補正係数
30	1.15
35	1.08
40	1.00
45	0.91
50	0.82
55	0.71
60	0.58

注記　補正係数は，IEC 60364-5-52 からの引用である．
　　　PVC の通常時の最高許容温度は 70℃．
（出典）　日本工業標準調査会（審議）：『JIS B 9960-1：2008　機械類の安全性―機械の電気装置―第 1 部：一般要求事項』，日本規格協会，p.87，2008 年．

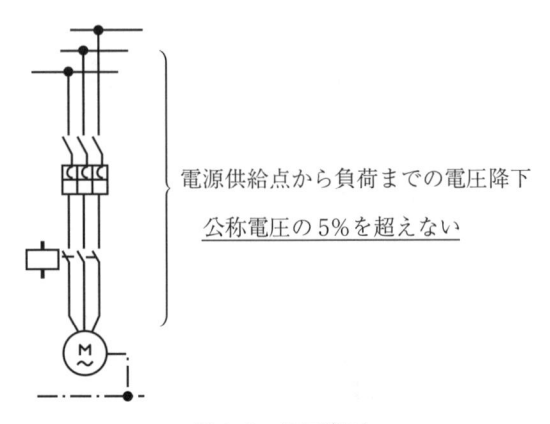

図 9.6　電圧降下

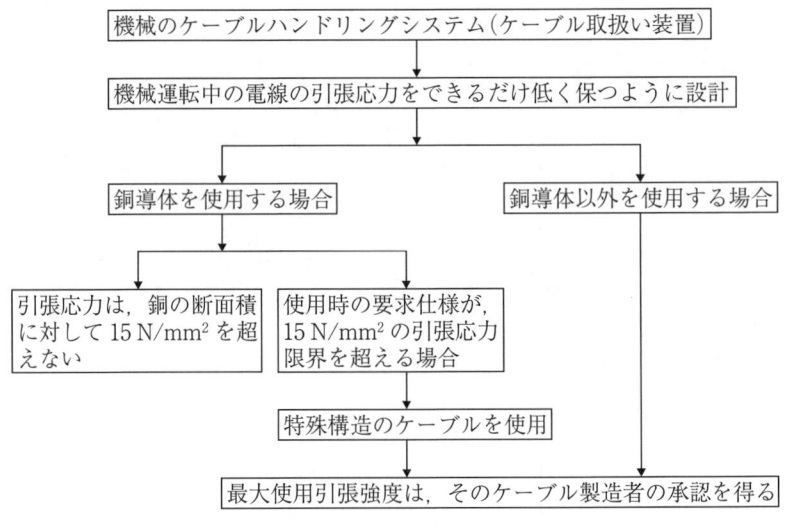

図 9.7　ケーブルハンドリングシステム

（4）　導体及びケーブルの電圧降下（IEC 60204-1　12.5項）

通常運転条件下においては，電源から負荷までの電圧降下は，公称電圧の5％を超えてはならない．これを満たすために，表9.6から求めた値より大き

な断面積の導体を用いる場合がある(**図 9.6** 参照).

9.2 可とうケーブル(IEC 60204-1 12.6 項)

　可とうケーブルは，クラス 5 またはクラス 6 の導体を選定しなければならない.

　機械のケーブルハンドリングシステムは，機械を運転中の導体の引張応力 15 N/mm^2 を閾値として，この引張応力を超えない設計とる．しかし，この引張応力を超える場合は，特殊構想のケーブルを使用する(**図 9.7** 参照).

9.3 導体ワイヤ，導体バー及びスリップリング機構 (IEC 60204-1 12.7 項)

　導体ワイヤ，導体バー及びスリップリング機構は，機械に通常のアクセスをしているときに直接接触に対する保護を行わなければならない．この保護が達成されるように，保護方策のいずれかを採用して設置しなければならない(部分的絶縁，IP 2X のエンクロージャ，IP 4X の水平部の上面)．導体ワイヤ，導体バー及びスリップリング機構の注意点を，**表 9.8** に示す.

9.4 接続及び経路(IEC 60204-1 13.1 項)

　すべての接続(特に保護ボンディング回路の接続)は，不測の緩みがないように固定しなければならない．接続についての注意点を示す.
- 1 線/1 端子を基本とする(複数線を接続できる端子として評価されたものは除く)
- 保護ボンディング接続は，1 線/1 端子とする
- ハンダ付け接続は，評価されたハンダ付け用端子以外には接続不可能とする

表9.8 導体ワイヤ，導体バー及びスリップリング機構

保護導体回路	導体ワイヤ，導体バー及びスリップリング機構を保護ボンディング回路の一部として用いる場合は，定常運転中これらに電流を流してはならない．保護導体(PE)と中性線(N)は，それぞれ別の導体ワイヤ，導体バーまたはスリップリングで構成しなければならない
保護導体電流コレクタ	他の集電子と交換できない形状または構造でなければならない．その電流コレクタは，スライド接触タイプでなければならない
断路機能を付いた可動電流コレクタ	充電部の断路が完了してから保護導体回路が切り離され，充電部が接続される前に保護導体回路の導通が確立するように設計しなければならない
空間距離	各導体間，ならびに隣接する導体ワイヤ，導体バー，スリップリング機構及びコレクタ間が，少なくとも IEC 60664-1 による過電圧カテゴリ III の定格インパルス電圧に適するものでなければならない
沿面距離	各導体間，ならびに隣接する導体ワイヤ，導体バー，スリップリング機構及び集電子のシステム間が，意図する環境，例えば，屋外，屋内，及びエンクロージャによって保護される環境における作動に適するものでなければならない(最小沿面距離 60 mm，絶縁された導体は 30 mm)
導体システムの分割	導体ワイヤまたは導体バーをいくつかの分離した区画に分けられるように配置する場合は，集電子自体が隣接区画を充電することを防止するように適切な設計をしなければならない
動力回路への使用	導体ワイヤ，導体バー及びスリップリング機構を動力回路に用いる場合は，制御回路用のものとは別のグループにまとめなければならない

- 明瞭なラベルを接続部に貼り付ける
- 誤接続がないように端子の識別を行う
- 撚り線は，「ほつれ」の処理を行う

IEC 60204-1 の開発経緯は，むき線をそのまま端子台に接続することを標準として作られている．撚り線の「ほつれ」部が直接接触の感電を招くことより，「ほつれ」の処理を要求している．この処理方法は，H スリーブといった端子がヨーロッパでは標準であり，円筒状のもので向き線を覆い圧着するものである．また，「ほつれ」をハンダでカバーした場合は，端子に1度締めた状態では問題ないかもしれないが，締め直したときにはハンダが割れ，簡単に抜けてしまう．なお，H スリーブ端子の接続は，圧着部と接続部が1ケ所で済むということである．日本の標準は，丸端子，Y端子，及び棒端子などを使用することが一般的であるが，端子の圧着部と接続部が別となることから，2ケ所の接続が必要となる．接続部は，接続箇所に比例して故障率が大きくなることから，信頼性が低いシステムといえるかもしれない．

導体及びケーブルは，撚り継ぎまたはジョイントをせずに端子間を配線しなければならない．不測の断路に対して適切な保護を持つプラグ・ソケットを用いる接続は，ここではジョイントとみなさないが，十分な余長，適切な保持，ループインピーダンスの減少を考慮しなければならない．また，回路が異なる電圧を同じ場所に取り付ける場合には，各導体を適切な仕切りで分離するか，または同じダクト内のすべての導体に加わる最高の電圧に対する絶縁を行わなければならない．

9.5 導体・ケーブルの識別（IEC 60204-1 13.2 項）

各導体は，各端末において，技術文書に従って識別できなければならない（数字/アラビア数字，英字/ローマン体）．

保護導体は，形状，位置，マーキングまたは色によって保護導体であることを容易に見分けられなければならない．色だけによって識別する場合は，全長にわたって緑と黄の2色組合せを用いなければならない（15 mm の長さで，1つの色が 30% 以上，IEC 60417-5019（DB：2002-10）に規定する図記号）．

中性導体を色だけで識別する場合の色は，青としなければならない．他の色

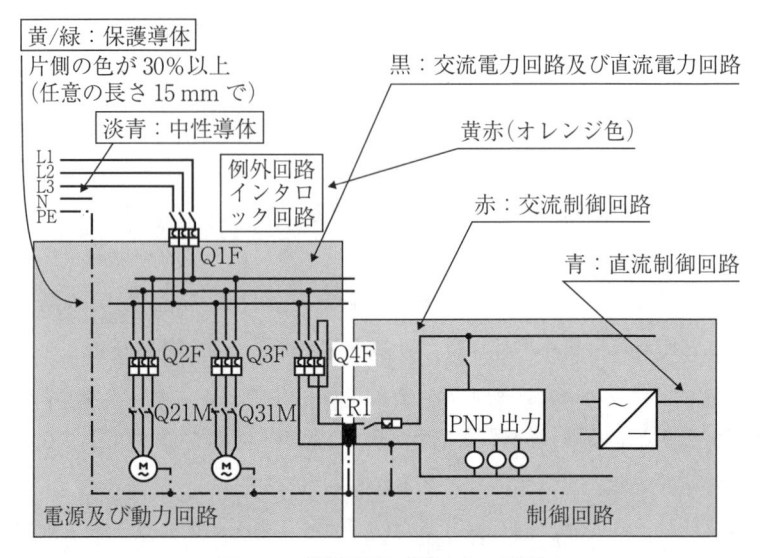

```
                  黄/緑：保護導体
                  片側の色が30%以上
                  (任意の長さ15 mm で)          黒：交流電力回路及び直流電力回路
                        淡青：中性導体          黄赤(オレンジ色)
                  L1
                  L2              例外回路
                  L3              インタロ        赤：交流制御回路
                  N               ック回路
                  PE
                              Q1F                    青：直流制御回路

                       Q2F  Q3F  Q4F
                                TR1
                      Q21M Q31M           PNP 出力


                      電源及び動力回路               制御回路
```

図 9.8　絶縁被覆の色による識別

との混同を避けるために，淡青(ライトブルー)を用いることを推奨する(IEC 60446 の 3.2.2 項参照)．導体の識別に色を用いる場合は，その色を導体の全長にわたって用いることを推奨する．

　絶縁被覆の色で全体的に識別するか，色マーカを一定間隔ごとに施し，さらに端末またはアクセス可能な位置に施して識別することを推奨する(黒色：交流電力回路及び直流電力回路，赤色：交流制御回路，青色：直流制御回路，オレンジ色：例外回路)．絶縁被覆の色による識別を，**図 9.8** に示す．

9.6　エンクロージャ内の配線(IEC 60204-1　13.3 項)

　エンクロージャ内の配線は，導体の固定の必要性を検討しなければならない．また，内部配線用ダクトは，難燃性の絶縁材料を用いたものでなければならない(IEC 60332/JIS C 3665 規格群参照)．エンクロージャ内の配線を，**図 9.9** に示す．

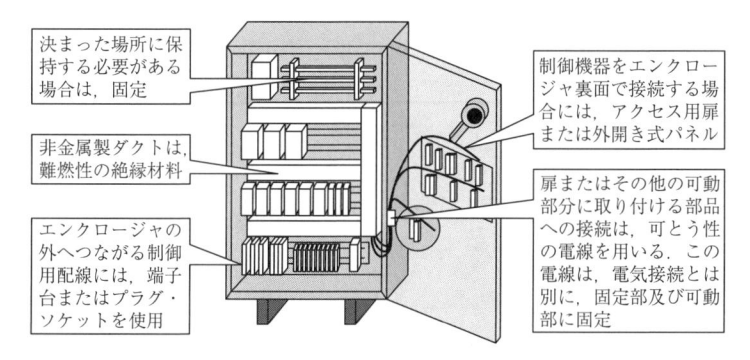

第9章　導体・ケーブルの選択及び配線方法　135

- 決まった場所に保持する必要がある場合は，固定
- 非金属製ダクトは，難燃性の絶縁材料
- エンクロージャの外へつながる制御用配線には，端子台またはプラグ・ソケットを使用
- 制御機器をエンクロージャ裏面で接続する場合には，アクセス用扉または外開き式パネル
- 扉またはその他の可動部分に取り付ける部品への接続は，可とう性の電線を用いる．この電線は，電気接続とは別に，固定部及び可動部に固定

図9.9　エンクロージャ内の配線

9.7　エンクロージャ外の配線（IEC 60204-1　13.4項）

　制御装置のエンクロージャへの入線部及び配線部は，個別のケーブルグランド及びブッシングにより，エンクロージャの保護等級を維持しなければならない．制御装置のエンクロージャ外の導体及びその接続部は，適切なダクト（例えば，コンジットまたはケーブルトランキングシステム）に収納しなければならない（**図9.10** 参照）．

　必要に応じて開放形のケーブルトレイまたはケーブル支持具を用いる適切な保護を持つケーブルを除く．可とうケーブル及び可とうコンジットは，特に取付け部及び継手部分などで，過度の曲げ及び引張りが生じないように取り付けなければならない（10倍の曲げ半径，可動部とケーブルとの間に少なくても25 mmの空間，ケーブルのネジレ角は5°を超えない）．

　機械に取り付けた複数のスイッチ機器（例えば，位置センサ，押しボタン）を直列または並列に接続する場合は，これらの機器間接続の中間に試験用端子を設けることを推奨する．この端子は，試験に便利な場所に設け，適切に保護し，関連図面に示さなければならない．これは，位置センサの接点溶着，接続の短絡障害，及び断線を人によりチェックするための端子であり，定期点検が要求される．本書第6章で解説した「制御機能」の安全回路の設計により，必

[ペンダント形操作盤へ可とう接続が必用な場合]
可とうコンジットまたは可とう多心ケーブルを用いなければならない

[物理的環境に適している]

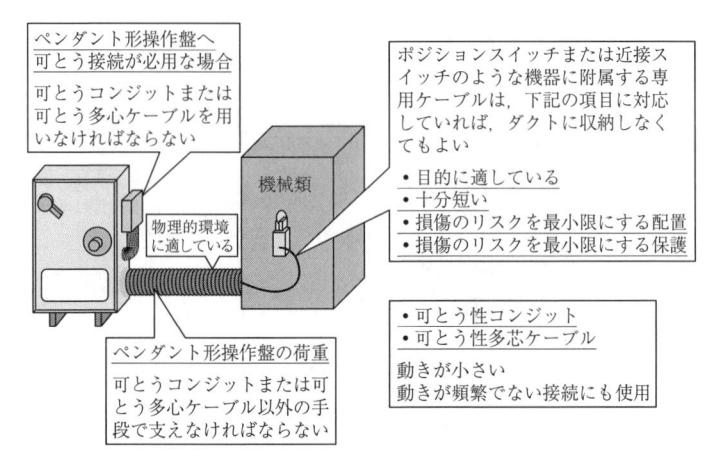

[ペンダント形操作盤の荷重]
可とうコンジットまたは可とう多心ケーブル以外の手段で支えなければならない

[機械類]

[ポジションスイッチまたは近接スイッチのような機器に附属する専用ケーブルは，下記の項目に対応していれば，ダクトに収納しなくてもよい]
・目的に適している
・十分短い
・損傷のリスクを最小限にする配置
・損傷のリスクを最小限にする保護

・可とう性コンジット
・可とう性多心ケーブル
動きが小さい
動きが頻繁でない接続にも使用

図 9.10　エンクロージャ外の配線

要性を検討しなければならない．

9.8　プラグ・ソケットによる接続（IEC 60204-1　13.4.5 項）

プラグ・ソケットによる接続は，次の要求事項の 1 つ以上を適用しなければならない．

—IP 2X/IP XXB
—保護ボンディング端子は，主接点よりも先に入り，後で切れなければならない
—負荷を遮断する遮断容量を持っている
—30 A 以上の場合は，インタロックを設けなければならない
—16 A 以上は，接続保持型である
—危険状態を引起す場合，接続保持手段を設ける
—遮断後も充電が残る場合は，トラッキングを考慮した空間距離及び沿面距離から充電部保護として IP 2X/IP XXB とする
—金属ハジングは，保護ボンディング回路に接続しなければならない

―意図しない遮断が障害となる場合は，接続保持型とし，明瞭なマーキングを行う
―制御回路に使用するプラグ・ソケットは，IEC 61984 を満足したものを採用する
―家庭用及び類似の一般用プラグ・ソケットは，制御回路に使用できない．
しかし，IEC 60309-1/JIS C 8285-1 に規定するプラグ・ソケットで，意図した接点のみを使用する場合は使用してもよい．

9.9　ダクト，ケーブルトランキングシステム及び接続箱（IEC 60204-1　13.5, 13.5.1, 13.5.2, 13.5.6, 13.5.7, 13.5.8 項）

ダクトは，金属製及び非金属製があり，可とうコンジット及び非可とうコンジットがある．用途に適する保護等級（EN 60529 参照）を満たすものでなければなければならないが，内部で油または水滴が溜まるものは，直径 6 mm の排出孔を設けてもよい．ダクトの内部占積率は，ダクトの直線度，長さ，及び導体の可とう性に基づいて検討しなければならない．

エンクロージャ外のケーブルトランキングシステムは，使用環境に適したものであり，配線用または排水用以外の開口部を設けてはならない．機械内の閉区画（コンパートメント）及びケーブルトランキングシステムは，冷却剤または油貯蔵部から隔離し，完全に閉じたものとしなければならない．閉区画及びケーブルトランキングシステム内の導体は，損傷を受けないように固定，配置しなければならない．

配線用接続箱及びその他の箱は，機械の運転を意図する場所での使用環境を考慮して，固形物及び液体の侵入を防止するものとして IP コード（表 8.2 参照）を明確に見積もらなければならない．また，保全のためにアクセスできるものでなければならない．

第 10 章
警告表示及びマーキング

　図 10.1 は，IEC 60204-1 の「16 マーキング，警告標識，及び略号」をブロック図にしたものである．

　マーキング及び警告標識は，装置の物理的環境に十分耐えるものでなければならない．また，ここで，JIS B 9960-1 の用語では，「Warning signs」を「警告標識」，「Functional identification」を「機能表示」，及び「Hot surfaces hazard」を「高温の危険源」としているが，本書ではそれぞれ「警告表示」，「機能的識別」，及び「熱い表面の危険源」とする．

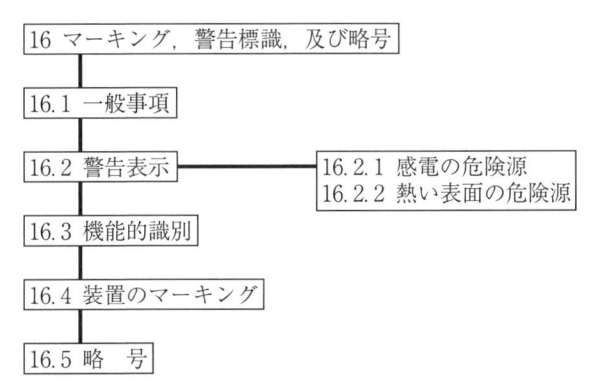

```
16 マーキング，警告標識，及び略号
  │
 16.1 一般事項
  │
 16.2 警告表示 ──── 16.2.1 感電の危険源
  │                16.2.2 熱い表面の危険源
 16.3 機能的識別
  │
 16.4 装置のマーキング
  │
 16.5 略　号
```

図 10.1 「マーキング，警告標識，及び略号」のブロック図

10.1　警告表示（IEC 60204-1　16.2項）

警告表示は，「感電」及び「熱い表面」であることを警告するために表示するものである．

（1）　感電の危険源（IEC 60204-1　16.2.1項）

感電のリスクを持つ電気装置は，警告標識を貼らなければならない．警告標識は，識別可能である場所として，エンクロージャの扉またはカバーに表示しなければならない．ただし，内蔵していることを別の方法で確認できるものは強制ではない．別の方法で確認できる対象となる機器を示す．
　―電源遮断器を搭載したエンクロージャで外部操作ハンドルにより識別可能
　―オペレータ用の操作盤で制御機器搭載が識別可能
　―センサ類(例えば，リミットスイッチ，圧力スイッチ，ライトカーテン，レーザースキャナ，圧力検知マットなど)

感電の危険源として表示する図記号 IEC 60417-5036(DB 2002-10)を，図10.2に示す．

（2）　熱い表面の危険源（IEC 60204-1　16.2.2項）

リスクアセスメントにより，表面が危険温度になる可能性がある場合，警告

図10.2　IEC 60417-5036

（出典）　日本工業標準調査会(審議)：『JIS B 9960-1：2008　機械類の安全性—機械の電気装置—第1部：一般要求事項』，日本規格協会，p.69, 2008年．

第 10 章　警告表示及びマーキング　　141

図 10.3　IEC 60417-5041
（出典）　日本工業標準調査会（審議）：『JIS B 9960-1：2008　機械類の安全性―機械の電気装置―第 1 部：一般要求事項』，日本規格協会，p. 69, 2008 年．

表 10.1　表面の最高温度

触れることができる部分	触れることができる表面の材質	最高温度 ℃
手に持ち操作するもの	金　属	55
	非金属	65
手に持たないが意図的に接触する部分	金　属	70
	非金属	80
通常使用時に接触する必要のない部分	金　属	80
	非金属	90

（出典）　日本工業標準調査会（審議）：『JIS C 0364-4-42：2006　建築電気設備―第 4-42 部：安全保護―熱の影響に対する保護』，日本規格協会，p. 5, 2006 年を元に作成．

表示をしなければならない．熱い表面の危険源として表示する図記号 IEC 60417-5041（DB 2002-10）を，**図 10.3** に示す．

なお，表面温度は，IEC 60364-4-42，第 423 項の表 10.1 を適用する（**表 10.1** 参照）．アームズリーチ内にあり，触れることのできる制御機器類は，人体に火傷を起こさせる恐れがある温度になることを問題として，表 10.1 に示す制限に適合しなければならない．設備が通常使用時にたとえ短時間でも表 10.1 の制限を越える部分は，いかなる偶然の接触をも防止するように保護しなければならない．ただし，該当する機器の IEC 規格に適合している場合は，表 10.1 の値を適用しない．

表10.2 定格銘板

供給者の名称または商標
認証マーク
製造番号
定格電圧
相　数
周波数
全負荷電流
定格短絡電流
基本文書番号

（3） 機能的識別及びマーキング(IEC 60204-1 16.3, 16.4項)

制御機器，表示機器及びディスプレイ(特に安全に関するもの)を対象として，その機器自体または近郊に，機能を識別するためのマーキングをしなければならない．このマーキングについては，装置使用者と供給者との間で合意することが望ましい．

また，制御装置には，装置の据え付け後に，消えない方法で読めるようにマーキングしなければならない．銘板は，エンクロージャの各入力電源引込み口の近傍に付けなければならない(供給者の名称及び商標，認証マーク，製造番号，定格電圧，相数，周波数，全負荷電流，定格短絡電流，基本文書番号：IEC 62023)．定格銘板を**表10.2**に示す．

これは，据付け及び保全時に，装置の定格を理解して作業できることを目的とする．また，すべてのエンクロージャ，アセンブリ，制御機器及びコンポーネントには，技術文書に示す略号と同じ略号を付けて，明瞭に識別しなければならない．

第11章
技術文書

図 11.1 は，IEC 60204-1 の「17 技術文書」をブロック図にしたものである．

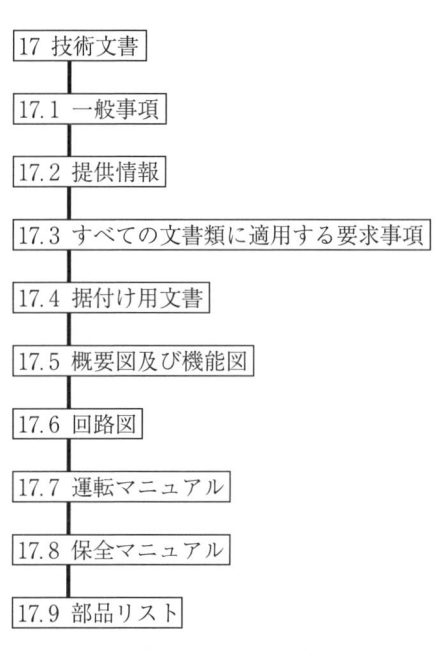

```
17 技術文書
 ├─ 17.1 一般事項
 ├─ 17.2 提供情報
 ├─ 17.3 すべての文書類に適用する要求事項
 ├─ 17.4 据付け用文書
 ├─ 17.5 概要図及び機能図
 ├─ 17.6 回路図
 ├─ 17.7 運転マニュアル
 ├─ 17.8 保全マニュアル
 └─ 17.9 部品リスト
```

図 11.1 「技術文書」のブロック図

11.1 提供すべき情報（IEC 60204-1 17.1, 17.2項）

機械の電気装置の据付け，運転，及び保全に必要な情報は，適切な形式で提供しなければならない．必要な情報とは，例えば，図面，接続図，チャート，表，及び取扱説明書などである．また，提供する情報は，同意された言語によらなければならない．提供する情報は，電気装置の複雑度によって異なってよい．非常に単純な装置の場合には，その情報を一冊の文書にまとめてもよいが，その場合の文書は電気装置のすべての機器を示し，電源幹線への接続法を

表11.1 提供する情報

a) 基本文書(部品表または文書一覧表)
b) 下記を含む補足文書
　1) 装置，据付け，取付け及び電源接続の説明
　2) 電源仕様
　3) 物理的環境に関する情報(例えば，照明，振動，騒音レベル，空気中の汚染物質)
　4) 概略図(ブロック図)
　5) 回路図
　6) 次に関する情報
　　・装置の使用に必要なプログラミング
　　・運転順序
　　・検査頻度
　　・機能試験の頻度及び方法．
　　・調整，保全及び修理の手順
　　・推奨予備品表
　　・納入工具のリスト
　7) 安全防護装置，及び，インターロック機能
　8) 安全防護策及び解除手段の説明(本書6.4節参照)
　9) メンテナンス手順
　10) 取扱い，搬送及び保管に関する情報
　11) 負荷電流，起動ピーク電流及び許容電圧降下に関する情報
　12) 残留リスクに関する情報

示すことができるものとする．電気装置の構成品に附属する技術文書類は，機械の電気装置の文書類の一部としてもよい．電気装置と共に提供すべき技術文書に含まなければならない内容を**表11.1**に示す．ただし，3)，4)，6)及び11)は，適用できる場合のみとする．

11.2　すべての文章に適用する要求事項(IEC 60204-1　17.3, 17.4, 17.5, 27.6, 17.7, 17.8, 17.9項)

各技術文書は，**表11.2**に示す各規格内容を適用しなければならず，その内容の適合性評価を要求される場合がある．しかし，電気装置の製造業者と使用者との間で，別の合意がある場合は，この適用を除外することができる．

　参考として，取扱説明書に必要となる記載内容(IEC 62079/JIS C 0457)を**表11.3**に示す．

表11.2　技術文書適用規格

電気技術文書	一般要求事項	IEC 61082-1	JIS C 1082-1
	機能図	IEC 61082-2	JIS C 1082-2
	機能図，表及びリスト	IEC 61082-3	JIS C 1082-3
	配置及び据付け文書	IEC 61082-4	JIS C 1082-4
略　号	基本原則	IEC 61346-1	JIS C 0452-1
	分類コード	IEC 61346-2	JIS C 0452-2
技術情報		IEC 62023	JIS C 0454
部品リスト		IEC 62027	JIS C 0453
取扱説明		IEC 62079	JIS C 0457

表 11.3　取扱い説明書

1　目　次		
2　識　別		
	2.1	製品の商標及び形式指定
	2.2	製品の改訂/リリース番号(ソフトウエア)/文章の版
	2.3	製造者・供給者・販売者の名称及び所在地
	2.4	製品規格の適合宣言
3　製品の仕様		
	3.1	一般的機能及び適用範囲，本来の用法
	3.2	寸法及び質量(輸送目的用)
	3.3	電力，ガス，水及びその他消耗品の供給データ
	3.4	エネルギー消費量及び条件
	3.5	騒音，廃棄物，その他の放出/排出及び条件
	3.6	IPコード，はっきりとした文字(例えば，垂直に滴る水に対する保護)
	3.7	環境条件並びに操作及び保管に対する制限
	3.8	安全情報，要約(人身保護，意図しない使用方法)
4　定　義		
5　製品使用の準備		
	5.1	輸送及び保管
	5.2	使用前の安全上の注意事項
	5.3	開　梱
	5.4	梱包物の安全な廃棄
	5.5	設置前の準備作業
	5.6	設置及び組立て
	5.7	通常使用の間の休止期間中の保管及び保護
	5.8	輸送中の損傷を防止するための再梱包

	5.9	情報の提出先(使用者，作業員，サービス専門家)
	5.10	取扱い説明の位置

6　操作取扱説明

	6.1	安全な操作・作動
	6.2	通常の機能(手動操作，自動操作)
	6.3	二次的機能(例えば，原料の取扱い)
	6.4	例外的機能/状況
	6.5	注意すべき信号
	6.6	人身保護
	6.7	オプションモジュール，標準外の部品
	6.8	クイックリファレンス(取扱説明をすぐに参照できるための措置)
	6.9	廃棄物処理

7　保守及び清掃

	7.1	安全上の注意事項
	7.2	使用者による保守及び清掃
	7.3	有資格者による保守及び清掃
	7.4	不具合対応(トラブルシューティング)，故障診断及び修理

8　オプションモジュール，標準外の部品，仕様

9　サービス代理店によるサービス及び修理

	9.1	安全に操作するためのサービス周期
	9.2	サービス代理店の所在地
	9.3	再梱包

10　予備品(スペアパーツ)及び消耗品の一覧表

11　製品の打切り方法

12　索　引

(出典)　日本工業標準調査会(審議):『JIS C 0457:2006　電気及び関連分野―取扱説明の作成―構成，内容，及び表示方法』，日本規格協会，pp. 31〜32, 2006 年を元に作成.

第12章

検　証

図 12.1 は，IEC 60204-1 の「18 検証」をブロック図にしたものである．

12.1　検証手順（IEC 60204-1　18.1 項）

検証に必要となる試験は，関連する IEC 規格による測定機器を用いて行わ

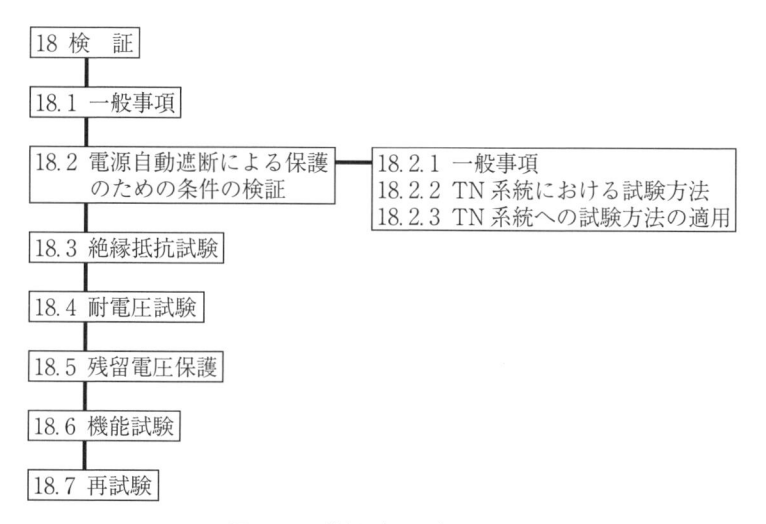

```
18 検　証
  │
18.1 一般事項
  │
18.2 電源自動遮断による保護 ──── 18.2.1 一般事項
     のための条件の検証           18.2.2 TN 系統における試験方法
  │                              18.2.3 TN 系統への試験方法の適用
18.3 絶縁抵抗試験
  │
18.4 耐電圧試験
  │
18.5 残留電圧保護
  │
18.6 機能試験
  │
18.7 再試験
```

図 12.1　「検証」のブロック図

表 12.1 検証内容

項	検証内容	IEC 60204-1 の参照項	測定機器
a)	電気装置がその技術文書に適合していることを検証する	—	—
b)	自動遮断による間接接触保護が採用されている場合は，自動遮断による保護の条件を 18.2 に従って検証する	6.3.3 18.2	IEC 61557/JIS C 1302 の規格群を満足する機器
c)	絶縁抵抗試験	18.3	
d)	耐電圧試験	18.4	IEC 61180-2 を満足する機器
e)	残留電圧に対する保護(残留電圧がある場合のみ)	6.2.4 18.5	
f)	機能試験	18.6	—

表 12.2 検証方法

自動電源遮断による保護の条件検証	・保護ボンディング回路の導通性試験(IEC 60364-6-61) ・自動電源遮断(故障ループインピーダンスと過電流保護装置)
絶縁抵抗試験	電力回路と保護ボンディング回路との間の絶縁抵抗値を測定(直流 500 V で測定し，1 MΩ 以上)
耐電圧試験	PELV 電圧以下の電圧で動作する回路を除き，すべての回路の電線と保護ボンディング回路との間で，少なくとも 1 秒間，試験電圧に耐えること —電圧は，定格電源電圧の 2 倍または 1000 V のいずれか高い方 —周波数は，50/60 Hz —定格 500 VA 以上の変圧器から供給
残留電圧保護	電源遮断後に 60 V を越える充電部は，遮断後 5 秒以内に 60 V 以下
機能試験	電気装置の機能，特に安全及び安全防護に関する機能を試験する

なければならない.「自動電源遮断」及び「絶縁抵抗」の試験には，IEC 61557 規格群に適合する測定器を用いる．制御機器を変更したときは，「再試験」の要求事項を適用しなければならない．検証結果(試験データを含む)は，文書化しなければならない．

　特定の機械の検証は，その機械の製品規格が規定するものとする．その機械の製品規格がない場合は，**表 12.1** に示す項目の a)，b)，f)の検証は必ず行わなければならない．また，c)，d)，e)の 1 つ以上を含めてもよい．

　これらの試験を実施するときは，表 12.1 の順序で行うことを推奨する．電気装置を改造したときは，本書 12.4 節「再試験」の要求事項を適用しなければならない．また，検証結果は，文書化しなければならない．また，これらの検証方法を，**表 12.2** に示す．

12.2　自動電源遮断による保護が達成される条件の検証

　これは，本書 2.2 節「間接接触に対する感電保護(IEC 60204-1　6.3 項)」の間接接触に対する保護である．図 2.3(p.20)に示した「機器接地」のループインピーダンスが重要であり，人体に流れるルートを阻止しなければならない．また，自動電源遮断の条件(本書 2.2 節参照)は，試験によって検証しなければならない．

　—TN 系統における試験方法は，本書 12.2 節の(1)項を参照
　—TN 系統における試験方法で，異なる電源条件に対する適用法は，IEC 60204-1 の 18.2.3 項を参照
　—TT 系統における検証法は，IEC 60364-6-61/JIS C 60364-6-61 を参照
　—IT 系統における検証法は，IEC 60364-6-61/JIS C 60364-6-61 を参照

(1)　TN 接地系統における試験方法(IEC 60204-1　18.2.2 項)

TN 接地系統における試験方法には，次の 2 種類の試験がある．
- 試験 1 は，保護ボンディング回路の導通性を検証するための試験である

- 試験2は，自動電源遮断によって保護される条件を検証するための試験である

（2） TN 接地系統への試験方法の適用（IEC 60204-1　18.2.3項）

本項では，本書12.2節の(1)項の試験方法の適用を示す．

—12.2節の(1)項の試験1は，機械の各保護ボンディング回路に対して行わなければならない

—12.2節の(1)項の試験2を測定によって実施するときは，常に試験1の後

表 12.3　測定方法

	試験1の測定方法		
方法1 電圧降下法による故障ループインピーダンスの測定	検証すべき回路の電圧は，可変負荷抵抗のある場合及びない場合の両方で測定し，故障ループインピーダンスを次式によって計算する． $Z = \dfrac{U_1 - U_2}{I_R}$ Z：故障ループインピーダンス U_1：負荷抵抗のない状態で測定した電圧 U_2：負荷抵抗のない状態で測定した電圧 I_R：負荷抵抗を通過する電流		ACまたはDCの24VのSELV電源により，0.2 A～10 Aの電流で測定すること
方法2 別電源法による故障ループインピーダンスの測定	常用電源から切り離し，変圧器の一次側を短絡した状態で測定を行う． 別電源の電圧を使用し，故障ループインピーダンスを次の試験によって計算する． $Z = \dfrac{U}{I}$ Z：故障ループインピーダンス U：測定した試験電圧 I：測定した試験電流		

（出典）　日本工業標準調査会（審議）：『JIS C 60364-6-61：2006　建築電気設備—第6-61部：検証—最初の検証』，日本規格協会，p.14，2006年を元に作成．

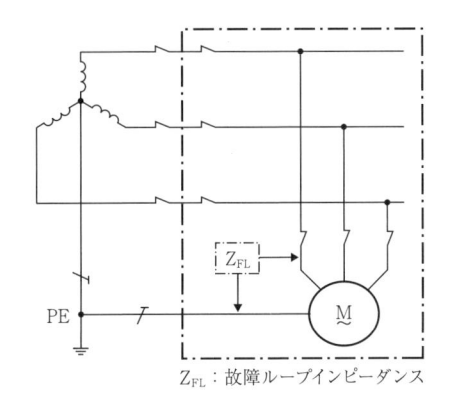

図12.2 故障ループインピーダンスの測定例

Z_{FL}：故障ループインピーダンス

に実施しなければならない．

1) 試験1の測定方法

IEC 60364-6-61/JIS C 60364-6-61 の E.612.6.3 の手順に従った評価方法を，表12.3に示す．この測定方法には，「方法1」または「方法2」の2種類がある．

2) 試験2の測定方法

地絡ループインピーダンスの測定は，IEC 61557-3 に適合する測定器を用いて行わなければならない．測定器の説明書に与えられている測定結果の精度及び測定手順を考慮しなければならない．機械を運転する電源と同じ周波数の電源に接続して測定しなければならない．機械の故障ループインピーダンスを測定する測定例であり，この代表的な配置を，図12.2に示す．

12.3 試　　験

本書12.1節「検証手順」に基づき，試験を行わなければならない．

12.4 再試験

　機械及び関連装置の一部の変更または改造をした場合には，本書12.1節「検証手順」に基づき，変更部分の再検証及び再試験を行わなければならない．

第 II 部

電気装置の安全祈願 20 年
（1957～1985 年）

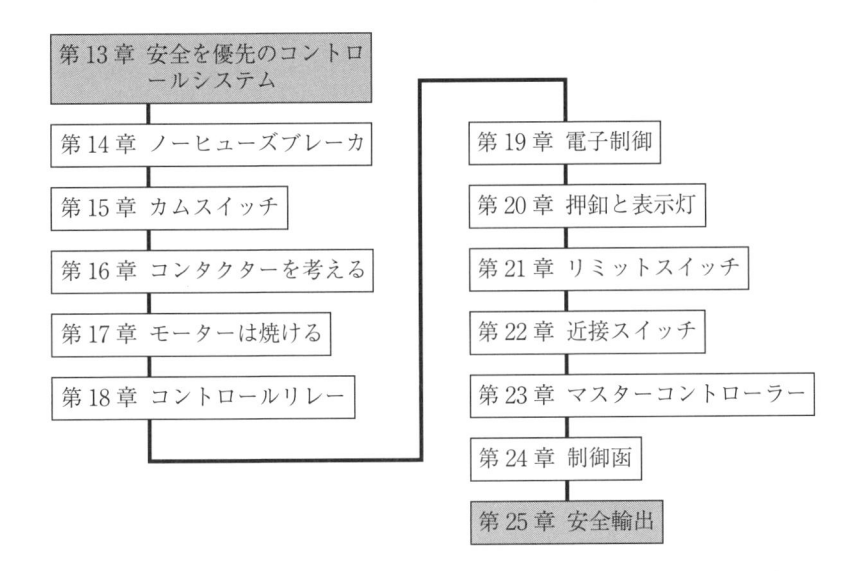

- 第13章 安全を優先のコントロールシステム
- 第14章 ノーヒューズブレーカ
- 第15章 カムスイッチ
- 第16章 コンタクターを考える
- 第17章 モーターは焼ける
- 第18章 コントロールリレー
- 第19章 電子制御
- 第20章 押釦と表示灯
- 第21章 リミットスイッチ
- 第22章 近接スイッチ
- 第23章 マスターコントローラー
- 第24章 制御函
- 第25章 安全輸出

第II部「電気装置の安全祈願20年」は，田村誠一氏が昭和52年(1977年)に自費出版にて公表されたものである．これは，ヨーロッパの安全優先をベースに作られた電気機器及びシステムの考え方，注意点，及び日本の問題点が記載されている．この内容は，当時の電気設計者に広く伝えられた．したがって，わが国の電気安全の歴史であるといえる．第I部は現在の安全設計を示すが，第II部を通じて電気安全の経緯を理解することができる．また，現在の国際規格 IEC 60204-1 に要求される内容を理解することが可能となる．

第II部に記載されている国際規格 IEC は現在は変更されている．国際規格 IEC の変更内容を**表2**に示す．

表2　国際規格 IEC の対比表

旧 規 格		現在の規格	
IEC 204-1	機械の電気装置	IEC 60204-1	機械の電気装置
IEC 157-1	MCCB	IEC 60947-2	サーキットブレーカ
IEC 408	カムスイッチ	IEC 60947-3	断路用開閉器
IEC 292	モータースタータ	IEC 60947-4-1	コンタクターとモータースターター
IEC 158-1	コンタクター		

第13章
安全を優先のコントロールシステム

13.1 安全優先のための規格 VDE 0113

　日本も参画している IEC（国際電気標準会議）で，工作機械の電気用品に関しては IEC 204 が決められ，日本の工作機械もこれに従って製作することが義務づけられている．この規格はあくまで安全を主にして，更に機械を損傷させたり製品の不良品をつくらぬための規定である．この規格を一般産業機械全般に適用するようにしたのが，ドイツの VDE 0113 である．IEC の規格の精神から当然他の産業機械にも日本でも適用するようにすべきではなかろうか．木工機械，包装機械……と個々の要求があるだろうが，安全の本質は変りない筈である．

■ヨーロッパ輸出には検討入用
　若しヨーロッパへ機械を輸出しようとすれば，この規格を無視するわけには行かない．ドイツの機械貿易は全世界の 30% を占めている以上，ドイツ以外の国に仮りに輸出してもドイツからの輸出と比較されるだろう．むしろ1日でも早く輸出品はドイツ規格に合致させることが有利だと申しあげたい．10年，15年と使用している内にクレームが出たとき日本独自のやり方では不利では

なかろうか.

■絶縁階級 VDE 0110 の C 級

産業機械用電機品は，絶縁について VDE 0110 の C 級が要求され，絶縁距離等が示されている(図 13.1 参照).

市場品ではマイクロスイッチターミナルブロックランプ等は特に留意しないとこの規格に合致しない.

13.2 非常停止

産業機械用の電機用品規格 VDE 0113 では，作業者の安全，機械の破損防止，不良品の防止が目的である．大事故は単一の原因ではなく，多くの原因が重なって運悪く発生することはよく云われることで，安全を心掛る場合に考えるべきである．安全装置，消火装置，警報装置があっても働かなかったことは度々発生した．VDE 0113 でも非常停止についてはうるさく取決めがされているのはこのためで，単に非常停止が必要と片付けてはない.

方法としては次の二つがある．
- メーンスイッチに非常停止機能を兼ねさせる
- 茸ボタンで操作

ハンドル，釦は作業者が安全に迅速に操作できる箇所に取付ける.

　赤の茸釦
　赤の大茸釦(フットスイッチ)
　赤ツマミ付カムスイッチ
　赤ハンドル付ノーヒューズブレーカ
　赤茸釦付モータースターター

非常停止兼用メーンスイッチ
　電源に取付け最大容量のモーターの起動電流と他の全消費電流の合計の閉路遮断容量が要求される．"切"は○印 "入"は | 印

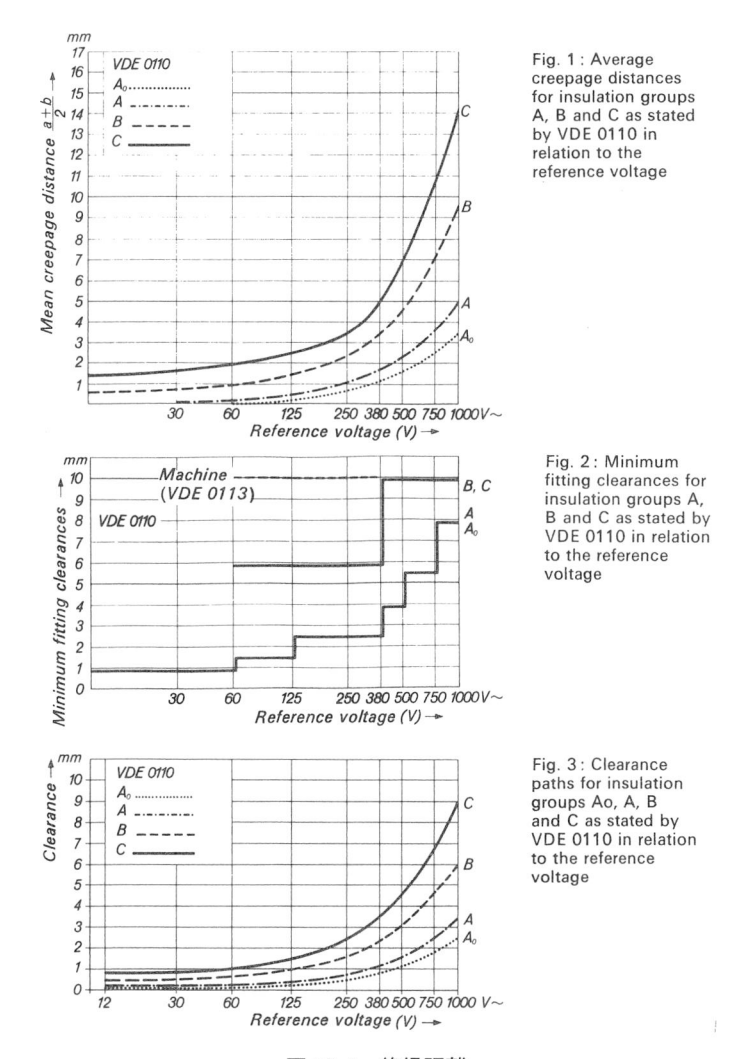

Fig. 1: Average creepage distances for insulation groups A, B and C as stated by VDE 0110 in relation to the reference voltage

Fig. 2: Minimum fitting clearances for insulation groups A, B and C as stated by VDE 0110 in relation to the reference voltage

Fig. 3: Clearance paths for insulation groups Ao, A, B and C as stated by VDE 0110 in relation to the reference voltage

図 13.1　絶縁距離

(出典)　VDE 0110 Teil 1：1972：『INSULATION CO-ORDINATION FOR EQUIPMENT WITHIN LOW-VOLTAGE SYSTEMS-FUNDAMENTAL REQUIREMENTS』(低電圧施設内の機器の絶縁協調—第1部：基本事項).

■2ポジション式
　メーンスイッチを非常用に使用する時は"入""切"の2ポジションのみで3ポジション，例えば可逆を兼ねた構造は禁止されている．

■非常停止用モータースターター
　ハンドルや茸釦は明瞭に他と区別できるよう，黄色の目印が必要である．モーターが1台しかない卓上ボール盤等の機械にはモータースターターに非常停止と再起動防止の低電圧トリップを付属させた製品を推奨している．

13.3　非常停止の接点は強制開路

　非常停止ボタンはb接点を使用し，強制的に接点が溶着やバネの折損があっても切れなければ安全でない．マグネットチャックや電磁ブレーキ等，安全上切ってはならぬものは勿論除外されるが，残りは全て遮断する．茸ボタンでコンタクターやリレーを切るか，低電圧トリップでノーヒューズブレーカを遮断する．

■ロック付茸釦の指定
　作業箇所が分れていれば個々に設置することが義務付けられ，この場合ロック付茸釦を使用する．リセットしないことには無雑作に運転に入れないよう安全を図る．
　赤の茸ボタンは非常停止以外の目的に，例えば一般の停止には使用出来ない．又，照光付非常ボタンも不可である．
　黒の茸釦もまぎらわしいのでダブルハンド等の特殊用途に限定される．工作機械では一応 IEC 204 で国際的にこの統一が図られているが，他の産業機械も早急に押ボタンの統一が図られ，危険の時第三者でもすぐ対応出来る様に期待したい．

■非常時逆相制動
　ゴムのカレンダー機械等では非常停止を迅速にさせる目的のため単なる停止に逆相制動を行うことの一項目が設けてあり，従来の一定時間逆相を行うタイマ制御は禁止されている．タイマでは負荷状況が異なった時確実に回転が零で切れない．この場合，回転軸がゼロになったことを検出して逆相を切ることが大切で，逆方向に回転しだしたり，未だ正方向に回転している時にタイマは切ることになる．

■スピードリレー
　この目的にはドイツのK社のスピードリレーが適しており，何れの回転方向でも接点が閉になり，ゼロスピードで接点が開になるもの等各種供給され，コンベヤ等の制御にも愛用されている．このリレーは制御電圧を必要としない方式なので安全対策上有利である．

13.4　メーンスイッチ

　機械の全体の電源を開閉できる"入""切"の2ポジションしかないメーンスイッチが必要であり，ハンドルや押釦は外部から操作できる形式で入切の状況がハンドルや釦で確認できることが要求されている．従って停止の釦を押しても釦が引込んだ状態を維持できる構造でないと，機械が停止操作で停っているのか，停電で停っているのかが明瞭でないスイッチは使用できない．又家電用スイッチに見られる1ケの釦で押す毎に入切が繰返される形式も産業機械には不可である．

■入力端子保護カバー
　制御函等に取付けられたメーンスイッチは，"切"の状態でも入力側の充電部が活線状態であるため感電防止のため手が触れても危険がない様端子カバーが必要で，更に"充電中"の注意銘板も取付ける必要がある．

■施錠

　メーンスイッチは"切"の状態で，作業員や保修員個人持の南京錠が3ケ取付できる構造であり，使用する錠の最小の大きさも決められている．

■入力側からの分岐

　ノーヒューズブレーカに低電圧トリップを採用する時は，この配線は入力側から分岐が認められる．この時は，低電圧トリップを別の箇所から制御することはできない．照明用とコンセントへの配線だけはメーンスイッチの入力側から分岐させてもよい．

■停電時再起動防止

　停電した時には原則として電圧が回復しても機械は自動的に動いてはいけない．従って小形のボール盤や卓上グラインダー等モーターが1ケだけの市場品に見かける押釦スイッチは，ヨーロッパでは使用できない．また，モータースターターに低電圧トリップをつけて再起動防止が有利である．勿論モーターの過負荷保護と短絡保護ができる．非常停止用として茸釦形式にすることができ，施錠もできる．

　停電でも特に瞬停と称して電力会社で2秒位の内に再送電される時には機械を自動的に再起動させることは危険がない時は許されている．

13.5　個人用鍵を優先させたスイッチ

　安全のためにスイッチ類に鍵をかけることは日本でも常識である．しかし全くお粗末な鍵が1ケかけられる程度の製品が多い．各個人の命が大切なら，他人が合鍵であけられない，各個人の南京錠がかけられる構造でないと安全は期待できない．

　例えば走行クレーンでは運転作業者，電気保修員，塗装作業者が夫々の任務でクレーンの周辺で作業すれば，3人3様の個人持の頑丈な錠前をかけておく

必要がある．現場責任者が保管している鍵1ケだけでは，連絡の不充分からどのような間違いが起こるかわからない．

このようなケヤレスミステークを防止するために，人間が操作するスイッチは全てシリンダー錠なり，南京錠が掛られる構造の製品が揃っている．工場の機械では押釦スイッチにシリンダーキーを採用して，例えばホテルのルームキーの如くマスターキーではどの部屋もあく，マスターキーシステムの錠前まで完備している．工場責任者は作業者が不在でも，200台までの機械はマスターキー1ケで運転できる．スイッチの中には"入"で施錠の必要なものがある．カムスイッチやノーヒューズブレーカはこの目的に沿う製品がある．勿論ノーヒューズブレーカは鍵がかかっていってもトリップフリーでないと役立たない．

■安全開閉器

サイロやキルン，大形ミキサー等で局部的にモーターを停止して点検や試運転をする目的のために，標準の"切"でカバーがあけられるカバーインターロック付がある．これは"切"で錠がかかっていても第三者がカバーを外してスイッチを入れる危険が伴なう．従ってモーターコントロールセンターとモーターの途中に更に安全開閉器を接続する必要がある．この開閉器は"切"の状態ではカバーが外せない構造を採用し，南京錠が"切"で3ケ取付できる．安全開閉器は，断路器形式で主接点の断路状況を透明カバーで透して見えるようにすることで，作業者は安心して機械の内部に入ることが出来る．安全には，命令や規則だけで片付ける日本と，FAIL SAFE のヨーロッパ人の違いが現われている．

13.6 モーターの過負荷保護と短絡保護

各モーター毎に過負荷防止と短絡保護が入用である．ドイツでは2KW以上のモーターでインチングや逆相制動が頻繁に行なわれる時は，モーターの巻線にサーミスタを埋込み，サーミスタリレーを使用することが要求される．こ

の場合も，サーミスタではモーターが拘束状態での保護が出来ないので，更に起動電流が 10 秒以上も継続した時にはトリップする様サーマルをつけることが必要である．

とにかく VDE 0113 ではモーターを過負荷で保護すべしであって，日本では過電流保護装置をつけよとニュアンスが違うことに注意して欲しい．ドイツへ輸出した機械のモーターは，サーマル特性が悪くて焼けると電気機器メーカーの責任であるが，日本ではサーマルリレーの過電流特性が過負荷保護に不充分な場合でも，ユーザーが損害を蒙る．

■ヒューズレスが最近の傾向

クロックナー・ムーラー社（以下，KM 社という）のヒューズレスシステムではヒューズとサーマルリレーがモータースターターで置換えられ，欠相のトラブルも解消し，ヒューズ使用のための保守費は全くいらない．又ヒューズは各国まちまちで，仮に日本の栓形ヒューズを採用してもドイツではエレメントまで異なるので，ヒューズレスは最近のドイツの輸出機械に全面的に使用されることが多い．

■栓形ヒューズは国際規格品に統一が必要

栓形ヒューズで思い当ることは，輸入機に従来多く採用されていたドイツ規格品がわが国では互換性がない点である．ドイツの規格品をまねてわざわざ日本的に寸法をかえたのである．早急に国際的に少く共ドイツと互換性ある製品を検討して欲しいものである．また，ネジは，ISO に改め，メートルネジをわざわざ日本的に規格化し，わが国を守るために外国からの侵入を防いだのである．しかし，外国に進出するためには相手国の規格を考慮することが必要であることから，逆に日本の栓形ヒューズだって輸出の途がひらけたかもしれない．

13.7 制御トランス設置の義務

制御回路にコンタクター，リレー，電磁弁，電磁クラッチ等コイルが5ケ以上含まれる場合には，一次，二次が絶縁された制御トランスが安全のため必要である．制御回路電圧は 220 V 以下でなければならず，220 V がドイツでは推奨されている．

220 V は電線での電圧降下が少なくてすみ，補助リレー等の接触不良によるミスが著しく減少する．110 V に比べても，220 V ではこのミスは 1/4 である．又コンタクター，リレー，タイマ等の標準電圧は 220 V であるため入手が容易であるし，制御トランスがない時には直接 220 V 電源が使用可能である．

■制御回路の短絡保護

制御回路の短絡保護が必要である．この目的にモータースターターを接続すれば，電流が自由に設定できて有利である．制御トランスをヒューズで保護するとすれば，トランス投入時のピーク電流で溶断しないことと，トランスやリード線のインピーダンスが比較的多く，短絡電流が充分大きくない点を考慮に入れて選定する必要がある．ヒューズ定格が 1, 3, 5, 10 A と飛んでいるので選定が困難で，且予備ヒューズは間違いなく指定電流値のものをユーザーは使用する注意が必要である．

■ヒューズで保護出来ない制御トランス

制御トランスの最小容量は 100 VA と決められて居り，仮に 220/220 V のトランスを考えれば，定格は 0.45 A，短絡は約 8 A である．栓形ヒューズで 3 A 又は 5 A を選定すれば短絡電流が切れる迄の時間が長すぎて絶縁が劣化するのではなかろうか．規格ではトランスが保護できることとあって短絡用にヒューズを入れさえすれば片付く問題ではない．

モータースターターであれば，5 ms でトリップし，すぐ再投入して使用で

きるところが愛用される所以である．

13.8 制御回路の接地方式と非接地方式

制御回路の二次側は 220 V が推奨され，しかも無接地が原則である．ユーザーの都合で接地方式に納入後変更できるよう，アース端子は設けておく必要がある．

制御回路の地絡によって機械が不用意に回転したり，停止できなかったりしてはいけない．このために IEC 204 は制御トランスの二次側の一線をアースして，コイルやスイッチがどの箇所でアースが発生しても間違いの起きない FAIL SAFE が要求されている．ドイツの VDE 0113 ではこれより一歩進めてトランスの二次側は非接地とし，対地絶縁抵抗の低下で警報するリレーの採用を推奨している．

■非接地方式では感電事故解消

非接地方式を採用すれば人手が最も触れやすい押釦スイッチ，リミットスイッチや制御回路を充電チェック中の感電が 100% 防止できる．接地方式の制御回路では漏電遮断器を採用してもこの種の人間がうっかり触れたり，押釦スイッチやリミットスイッチが漏電してケースが充電した場合の危険は防止できない．非接地では運悪く 2 ケ所で地絡が発生しない限り，機械が勝手に動いたりする危険は防止できるし，対地絶縁不良が発生すれば警報するので FAIL SAFE は一線接地に較べ比較にならない位確実である．

■対地絶縁警報リレー

本目的に使用されるアースリレーは 110 V 回路で 40 KΩ，220 V 回路で 80 KΩ 以下に対地絶縁が低下すれば動作する．尚，常時絶縁抵抗を表示し且警報も出来るリレーも開発されている．

制御回路によっては電磁クラッチ等一線アースを使用する形式や電子回路の

如くアースを必要とする場合がある．この時はこの部分だけ別の制御トランスを採用するか，お互いに絶縁された捲線を同一トランスに設ける様規制されている．

第 14 章
ノーヒューズブレーカ

14.1 ヒューズと配線用遮断器は親類

　わが国には，配線用遮断器の規格がある．簡単にブレーカと呼ばせていただくが，これは元来お手本はアメリカである．家庭の爪付ヒューズ付のカットアウトスイッチが便利さと安全性から配線用遮断器に移行したので，定格や過電流領域等の特性はヒューズと大同小異である．あり余る資源国アメリカでは電線には充分太いものを採用すればよいので，過電流については大して考慮を払う必要がなく，短絡重点でよかった筈である．従ってアメリカではトリップの考え方がヨーロッパと全く異っており，アメリカではTC（トリップ電流）設定でこれ以上流れれば遮断すればよい．電流でもモーターでもTCである以上，可変にするのはおかしいので固定が常識である．

■ヨーロッパとアメリカのミックス

　これに反しヨーロッパは小資源国であるため，電線でもモーターでも多少の過負荷は認めて使用するためにRC（定格電流）設定である．その代りにモーターはご承知の通りサーマルリレーは可変でないと5.5KWのモーターでも21Aから27Aまで広範囲の定格電流のモーターを有効に利用できない．アメ

リカなら必要以上に大きなモーターを工作機械等でも採用するからTC設定で、起動時にトリップしない特性でよい．

■ドイツのヒューズ定格の選定基準
　ドイツでは電線保護についてはVDE 0118で、電線の許容電流の75%以下のヒューズしか電線保護には使用できない．しかし日本の電気設備基準ではヒューズの定格は電線の許容電流以下であればよいことになっている．アメリカのTC定格でなく、RC定格のため、日本だけは電線に過電流の連続通電が認められたので、電線は当然劣化し漏電遮断器の厄介になる必要が生じる．
　配線用遮断器はヒューズと同じ考え方で電流は加減できず、アメリカのTC設定とRC設定をミックスしたために混乱の元となった．

■電流可変を禁止
　わが国の配線遮断器は、動作機構でトリップ機構の電流を可変にすることを禁止している．又、構造の詳細で電磁式には油ダッシュポットを制動に使用することになっている．長い実績のある製品でも国で決める規格や法律で、構造まで規制する必要があったようである．技術革新の余地を残す見地から、必要最少限度の性能を主にすべきではなかろうか．
　日米の二ヶ国以外ではIECもブレーカに関し、電流調整は常識である．アメリカのお隣のカナダでもノーヒューズブレーカは電流が可変である．
　ヒューズの代替品でなくヒューズでは達成できない安全をブレーカで実現させて来たので、メーカーもユーザーも安全の見地から検討を加えられることを切に望むものである．

■欠相が発生しないメリットと省資源
　特に電線は許容電流一杯まで有効利用でき、欠相の問題は発生せず、漏電遮断器も必要とせずに安全が護れるので省力、省資源につながるのである．

14.2 サーキットブレーカ6機種(25～3000 A)でカバー

ブレーカは6種類にすぎない．短絡容量不足でヒューズに頼ることも，カスケード遮断に煩らわされることもない．500 A 以下の機種は限流式と非限流式に接点部を変更するだけで早替りする．限流ヒューズの厄介になる必要がない．

■断路状況目で確認

主接点は透して見え，目で断路状況を確認でき，更には短絡では透明窓は曇るが過電流ではそのままなので見分けがつく．曇りは拭えば元通りになる．透して見えるため動作状況が直接表示で警報接点やシグナルランプの使用が節約できる．

■短絡回数3回保証

市場品ではO-t-C/Oと2回遮断しか性能保証がないので，1回短絡を遮断すれば予備品を準備しておき，2回目にトリップした時すぐ新品と取替えないと危険である．この点ユーザーは気付いているのだろうか．KM社製品はO-t-C/O-t-C/Oの3回の遮断に耐える製品で，従って2回短絡して始めて予備を準備されることをお奨めする．

14.3 必ず協調が取れるトリップ特性

ブレーカでは協調が最も重要である．末端で発生した故障はそのブレーカだけで遮断するのが理想である．損害範囲を小部分に限定するためにトランスから例えば工場毎に幹線が分岐し，更に二次幹線，三次幹線から分岐すれば分岐の都度設置するブレーカは定格電流が減ってくる．要するにランクが下がるのである．ブレーカは，同一品種で主接点部の構造を変更するだけで限流式と両用になるものが準備されている．また，市場品はサーマル要素と電磁要素のト

リップが干渉する構造のため，8～12倍付近でトリップ特性が大きく変曲している．サーマルと独立して瞬時トリップも加減できるので，協調が極めて容易に取れると申しあげたい．

14.4 協調のために瞬時トリップ値可変，及び中間容量ブレーカ不用

　440 V，1500 KVA のトランスに直接 100 W のモーターを接続することはあまり考えられないが，トランスの二次側に 2000 A のノーヒューズブレーカを採用すればよい．この短絡遮断容量は 65 KA である．このノーヒューズブレーカに直接モータースターター定格 0.4～0.6 A を接続する．このモータスターターの短絡遮断容量は 6 KA であるから，この 80% の 5 KA をノーヒューズブレーカの瞬時トリップ値に選定すれば，短絡電流 5 KA 以下はモータスタータが 2 ms でトリップし，これを超えればノーヒューズブレーカも 20 ms でトリップすることが明瞭である．2000 A のブレーカと 0.4 A のブレーカの協調のために中間容量のブレーカを採用しないでも協調が取れる．勿論幹線を分岐のために中間容量のノーヒューズブレーカを配置すれば，このノーヒューズブレーカの瞬時トリップ値を 5 KA に調整すれば片付く．従って分電盤やモーターコントロールセンターには入力側に任意のブレーカを採用し，各モーターにはモータースターターやノーヒューズブレーカ何れの採用も全く自由である．

■ヒューズより 1000 倍早く切れる過電流領域

　ヒューズで短絡容量不足を補なう必要性は，定格電流 500 A 以下は限流式（限流ヒューズではない）を開発してあるため生じない．ヒューズが元にある場合を想定すればヒューズとの協調はヒューズ特性とブレーカ特性が交叉しないことが必要である．

　図 14.1 に於いて瞬時トリップ値を 500 A にすればよい．仮りに 600 A の短絡電流が流れれば 15 ms でブレーカはトリップする．しかしヒューズは 20 秒

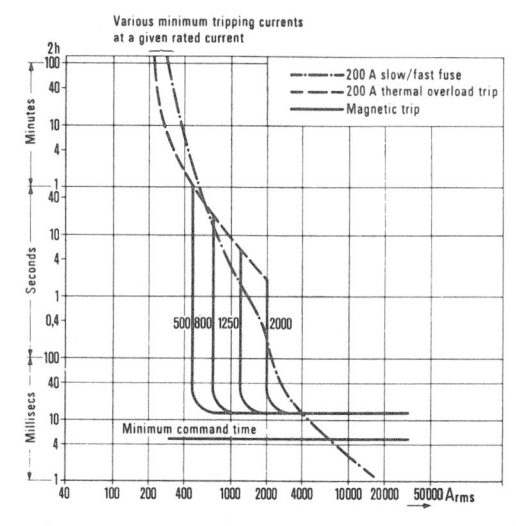

図14.1 協調遮断, ヒューズとの関係

も経過しないと切れないから，1000倍早い時間でトリップしただけ故障は拡大しないですむことになる．限流式にすればヒューズより安全確実に60KAの遮断容量が確保でき，しかもヒューズの劣化等のトラブルもなく予備品が不要であり，再投入を短時間内にできるため工場の休止中の損害も軽減される．

14.5 刃形開閉器(ディスコネクトスイッチ)

ノーヒューズブレーカはアメリカを手本にしたヒューズの代用品ではなく，従ってヒューズでは達成できない各種用途がある．先ずサーマルリレーと電磁のトリップ機構だけを納めたトリップブロックが独立しているため，このトリップブロックを外した製品は断路器として使用できる．目で主接点の断路状況が確認でき，250 A用で20 KAの故障電流も手動ハンドルで切れる．最高3000 Aまで揃っており，刃形開閉器に較べ如何に安全かは説明を要しない．

14.6　リモートモーター投入

■省力に貢献するリモートモーター投入 640 KW（440 V）モーター開閉 OK

ブレーカは全てリモートモーター操作が可能である．おもにコンタクターでは容量不足の分野に使用されている．モーターの可逆，スターデルタ切替えにも利用される．例えばスターデルタ自動切替えでは，440 V, 640 KW のモーターまでが制御可能である．660 V では 1100 KW まで可能でわざわざ高圧モーターを採用しないでもすむ．

電源を非常電源と切替えたい場合には，リモート操作又は直接ハンドル操作が可能である．手動ハンドル操作では断路器形式でハンドルが1ケだけでI-0-IIの3ポジション形式になる．ノーヒューズブレーカを2回路切替て使用する場合は，両ブレーカが同時投入はできないメカニカルインターロック形式が適している．

14.7　施　　錠

ブレーカは"切"で南京錠が3ケ施錠できる．又"入"でも施錠できトリップフリーにすることも可能である．カバー又はドアーが"切"でないとあけられないドアーインターロック付ハンドルが標準である．

14.8　長時限限時装置

630 A 以上 3000 A までのブレーカは限時装置を取付けて協調が出来る．従って一次，二次と幹線が多い場合に好都合で 200 ms までの時限が取れる．

14.9　ヒューズより安全トータルコスト有利

ヒューズはイニシャルコストと短絡容量の点で未だに確固たる地盤を有している．しかし家庭用のヒューズ付スイッチが配線遮断器に変った如く，単なる価格面でなく安全と保守のトータルコストで工場配電といえども検討されるべき時代である．

■ヒューズの劣化

保守的な英国でさえノーヒューズが普及して来たのである．ヒューズの欠点の一つは，常に予備品のストックとこれを安全に取替え出来る技術員の常駐である．次には5年，10年劣化せずに特性変化なしに使用できるかが疑問である．ヒューズは通電時と遮断時の内部の温度変化が極めて大きいため，汚染した空気を呼吸したのでは劣化しないとは請合えない筈である．

ブレーカはこの点過電流特性は何時でもテストが出来るので，劣化の点のチェックも容易である．

14.10　漏電遮断器はなぜテストボタンが入用

漏電遮断器は，テストボタンにより1ケ月1回の確認が望ましいとなっている．又，建設現場では作業開始前にテストボタンで確認が推奨されている．安全のための機器は"FAIL SAFE"がタテ前ではなかろうか．安全のための機器が，現実として定期点検が必要なら国家試験にパスした専門職の常置が必要になるのではなかろうか．火災以上に命にかかわる問題だ．

■テストボタンで不具合の対策

万一テストボタンで動作がおかしい時は新品と取りかえる外ないのではないか．十年間に何回も新品と取替えさせられたユーザーは苦情を云わずにすむだ

ろうか．少く共，莫大な使用量の漏電遮断器にテストボタンを取付けて常時テストが必要なら欠陥商品ではないかと申しあげたい．例えばガス漏れ警報器だってユーザーがガス漏れのテストを1ヶ月に1回実施すべしとあったらいかがなものだろう．ガス漏れ警報器は現在不良品が発生すればメーカーは全品回収義務がある．漏電遮断器についてもテストボタンで不動作が発生したら全品回収して欲しいものである．

14.11 漏電の原因を先ず究明しよう

　何が原因で漏電が発生するか，原因の究明にどれだけの努力がなされただろうか．国際電気規格と較べるだけでも絶縁距離が軽視されている．汚染された環境に合せて先ず絶縁距離の規格の整備が必要である．ドイツでは，産業機械に使用する機器の絶縁階級としてVDE 0110のC級絶縁を義務づけている．

■許容電流無視
　防護構造について国際基準に準じた厳密なテストが規定されていない．電機用品は温度変化で呼吸することを無視したテストはナンセンスである．電気設備基準でモーター用分岐回路に電線の許容電流以上の連続電流が流れても保護されない配線遮断器の容量の規定や，同じくヒューズが許容電流と同一定格まで認められた点にも問題がある．

■モーターの温度上昇許容限度超過
　モーターについては絶縁材料の許容温度以上の使用を許している点は前節でも触れたが，更にドイツでは温度上昇の測定に抵抗法は認められず熱電対で局部の測定である．モーターは抵抗法ではE種で75℃まで認められている．抵抗法では捲線の平均温度である以上局部的には85℃以上にも達している箇所が鉄芯内部の捲線部にある筈で，定格負荷でも絶縁材料の最高許容温度120℃を超過している．絶縁破壊の原因はここにもひそんでいる．

■ドイツでは漏電遮断器は特殊用途だけ
　絶縁材料，サーマルリレー，モーターのメーカーが全く競合関係にあればモーターが焼損すれば責任の追及が必要となるかもしれない．しかし，定期点検が要求される．漏電遮断器は，ユーザー責任と云われるのかもしれない．ドイツでは漏電遮断器は特殊用途以外使用されていないことを認識し直す必要がある．
　漏電遮断器は遮断容量不足のため短絡保護用に別の遮断器が入用で，ここにも資源の無駄使いが感じられる．

第 15 章
カムスイッチ

15.1 安全優先のカムスイッチ

　ドラム形の操作開閉器や刃形開閉器がまだ随所に見られる日本である．カムスイッチはヨーロッパで多用される安全を主にした同じ用途に使用できる製品で，先ず接点機構が密閉され，安全で，寿命が300万回と桁外れに長い．毎時3000回の頻度まで使用できるので，わざわざ押釦スイッチとコンタクター制御をしないですむ用途等が考えられる．例えばモーターの可逆運転でもコンタクター1ケと可逆用カムスイッチの組合せにすれば経済的であり，安全上も不用意に逆回転の押釦を押すこともなくなる．

■制御回路の簡潔化
　制御系統では単なる自動，手動の切替等以外に応用面が広い．スプリングリタンでパルスを発生する形式は，押釦の役目をすると同時に開閉の表示まで出来るものがある．押釦に入，切2ケと表示ランプを使用することを思えば1ケで事足りるので経済的でコンパクトになる．

■二重絶縁ケース入

　カムスイッチの最大の特長は，安全性で定格電圧500ＶＣ級絶縁が確保されている点で，ケース入は二重絶縁防水防蝕構造である．

■施　錠

　メーンスイッチとしてよく使用され，従って施錠できることが大切な要素の一つになる．個人所有の南京錠を3ケかけられる形式やシリンダー錠で任意のノッチ位置で施錠できる形式が揃っている．

■ドアーインターロック

　産業機械で特に重要なのはドアーインターロック付で"切"にしないとドアーはあけられない．この形式では入力側の端子は充電されているので安全カバー付が原則である．

　非常停止に使用されるメーンスイッチには，ヨーロッパでは赤のつまみと黄の目印と南京錠3ケ取付が要求される．

15.2　刃形スイッチナイフスイッチ

　わが国には金属箱開閉器の規格があり，ナイフスイッチ単独又はつめ付ヒューズ付に適用されている．これは，外国にはないスイッチではなかろうか．"おもに屋内用"と指定しているが，日本の法律的解釈では屋外使用も認められ，仮設現場等でよく見かける製品である．仮設現場だから仮の命でよいとはまさか云えないだろう．むしろ不特定多数の人が使用する以上，FAIL SAFE が望ましく，雨漏りしても感電しないものが特に入用になるのではないか．

■二重絶縁　ホースプルーフ函入開閉器

　函入りは，例えばヒューズなしに相当するものはカムスイッチ形式で63Aまで，断路器形式で800Aまでの製品が二重絶縁，ホースプルーフの防水構

造で供給されている．雨がかかっても安全なため，漏電遮断器をドイツでは使用しないですむ．カムスイッチの定格電圧は 500 V，断路器の定格電圧は 1000 V，しかも厳格な絶縁階級 C 級の製品である．

　ヒューズ付が入用の場合にはノーヒューズブレーカ又はモータースターターが適している．トリップすれば，再投入するだけで充分であり，主接点の断路状況は目で確認できる．勿論二重絶縁，ホースプルーフの函入りである．表面のカバーはポリカーボ製でハンマーでも壊れない．

■停電再起動防止ブレーカ

　断路器には，シャントトリップ又は低電圧トリップがつけられ，工事現場等で電動工具等を使用する場合，停電したらトリップする．また，これは電動工具等の電圧が回復して突然回転することを防止するのに役立つ．又，非常停止釦を要所に設けて電源を切ることができるので，わざわざこのためにコンタクター制御をする必要がない．全て安全優先の製品である．

第16章
コンタクターを考える

16.1 接点の取替え

　わが国では機械的寿命500万回,電気的寿命50万回の性能が最高級品と決められている.しかし,ここで機械的寿命は接点に全く電流を流していないので,投入や遮断のアークや熱,更にはアークと共に発生するオゾン等の影響はゼロである.わが国では定格の10倍の電流テストで接点の溶着をチェックすることになっている.接点だけが消耗したのは一昔も二昔も前のクラップアンカー式のコンタクターには見られた.

■接点を取替えて更に50万回使える保証？
　現在のように絶縁材料を主とする構造物にしてコンパクト化した時代に最も危惧すべき点はこの劣化で,ベークライト等は漸次炭化して良導体となり,何時相間の隔壁がパンクするか分からない.
　KM社は,機械的寿命＝電気的寿命でこの危険な接点取替えを廃止して既に30年以上になる.しかも必要とあれば300万回,1000万回と電気的寿命が保証されるデータを発表し,コンタクターの選定には何の支障も生じない.保守要員や予備品の常備も必要な接点取替えはトータルコストでは不経済であり,

寿命を保証されたコンタクターを10年でも15年でも使用できる時代である.

16.2　投入電流(定格×6)の接点消耗は遮断時の数倍に達する

　電気の常識も時には怪しい．コンタクターだって遮断電流，即ちモーターの定格電流で接点が消耗すると信じられている．しかしドイツのフランケン博士著『コンタクターと制御』(Herbert Franken,『Schutze and Schützensteuerungen』)に，投入時と遮断時の接点の消耗量の研究結果が発表されている．

　結論から申せば，仮に50 A定格の遮断と300 Aの投入時の消耗は投入時の方が著しく大きいのである．

■フィールドでの性能を約束できないテスト基準

　コンタクターの性能を決める負荷条件は日本も参加しているIEC(国際電気標準会議)規格 IEC 158号で，標準負荷に対する投入電流は定格の6倍と定められている．問題はこれ以上に起動電流が流れるモーターに対してであって，この時はKM社の技術資料には仮に7倍の時はコンタクターのモーター出力は6/7で算定するように明記されている．

　わが国ではコンタクターは，モーター用にはアンペヤでなく，モーター出力表示を要求しており，未だに60 Aとか100 Aと電流でモデルが呼ばれるのは誤解を招くおそれがある．

　一例として，E種モーター5.5 KW，2Pであれば，定格電流23 A，起動電流175 Aである．仮にモーターの規約電流26 Aの5倍でテストされた5.5 KW用コンタクターは，130/175倍して4.1 KWでしか使用できない．

　モーター投入電流が種々雑多である以上，コンタクターの撰定上重要なポイントであるから，メーカーもユーザーも留意する必要がある．

16.3 モーターの起動階級は銘板に記載義務項目

　コンタクターの出力に重要な要素はモーターの定格でなく起動電流だとすれば，ユーザーはモーターの銘板に気をつける必要がある．モーターの起動電流はモーターの規格で記入が義務づけられているのである．起動階級の規格では，30倍流れるモーターだって存在するのだ．

　実例として或るプラントに90KWモーター10台以上を含むモーターコントロールセンターを納入した．この時モーター投入電流は12倍との事でノーヒューズブレーカーも起動電流でトリップしないものが選定された．実際にはノーヒューズブレーカーがモーター起動時にトリップしてモーターが回転できず，数ケ月後に起動電流が実に16倍流れることが分かったのである．ノーヒューズブレーカーもコンタクターも上のランクへの取替えが本来であるし，パネルにしても大改造を要するのである．

16.4 高精度品の保守はユーザーに至難，保守無用が世の常識

　3相用コンタクターは，1912年にヨーロッパで最初に供給しており，コンタクター生産で65年の経験をもっている．接点取替えをやめ，無保守で機械の耐用年数だけ使用できるコンタクターをモットーにしており，常に寿命の保証と無期限無償交換でユーザーに喜ばれて用いられて来たのである．

■機械のライフスパンに合せてコンタクターを選択できるサービス
　ユーザーの異なる負荷の条件に対し，保証寿命を20年前から既に公表されており，ユーザーの便をはかっている．機械が仮りに10年使用できる予定なら，この間の総回数を計算していただくだけで，公表内容に掲載された6種のグラフのなかから適正なコンタクターが選定できる．

　寿命が保証付である以上，生産工程では抜取検査など許されず，使用される

電線や電気鉄板に対しても，厳格な全数検査を実施して受入れている．平均寿命しか表示されない製品では，いつトラブルが発生するかも分らないし，その際には，コンタクター価格の何十倍ではすまない損害が発生する．規格に合格さえしておれば購入価格が安い程購買相当者は有能とされ，規格の本質には全く触れない現状である．保全費迄を含めて検討できないようでは安定成長について行けるのだろうか．

■30年前から防塵ケースに納めれば保守無用

ドイツでは，例えば工作機械を1500台程所有する工場では，電気補修員は2名程度ですまされている．補修品の購買が日本ではなぜ起こるのかを考え直す必要があるのではないか．電気的故障はほとんど起らないように工作機械が設計されているのである．補修品の購入がなぜ多いのかを考えてみる必要がある．

16.5 使用率40%でテストされた製品では定格を80%に下げることが必要

モーターは連続使用の定格が表示される．間欠使用では当然この出力は大きくても差支えない．この場合，10分間に最長何分間使用するかで決められ4分運転するものは使用率40%（DUTY FACTOR 又はED と略称）と云われる．温度上昇の最終値が許容限度以下に納まるようにすることで出力の増加分が決る．クレーンやホイストでは，間欠使用が一般的であり，22 KW モーターをED 40% とした場合に30 KW と大きな出力で使用可能である．

コンタクタも同じく温度上昇が性能の決め手となる以上，使用率は重要な要素となる．クレーン用等には別のコンタクター選定表があり，ユーザーの負荷条件により最も経済的なコンタクターを採用することが可能である．

AC3 負荷で使用率が100% 以下の時は，図 16.1 により15% 以下の使用率でも出力増加分が求められる．ED 40% ではコンタクターの定格を25% アッ

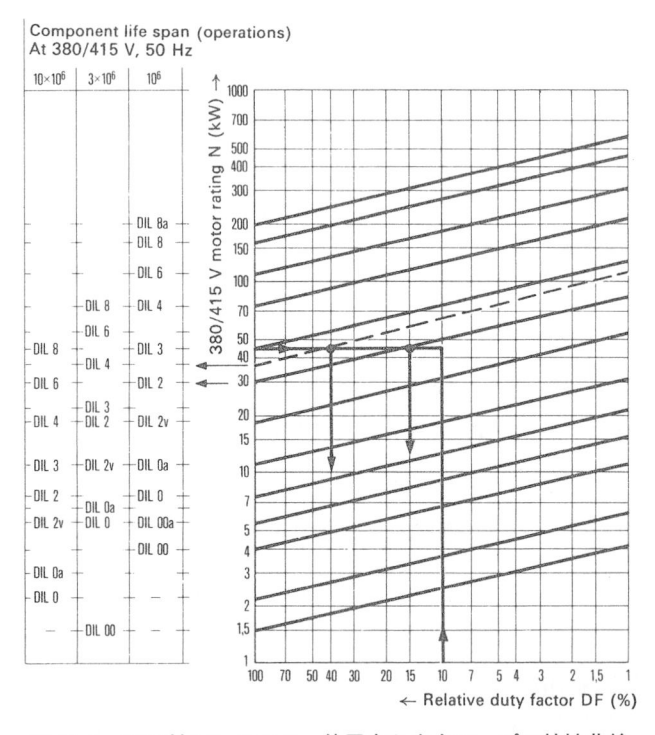

```
Component life span (operations)
At 380/415 V, 50 Hz
```

図 16.1　KM 社コンタクター使用率と出力アップの特性曲線

プして考えてよいことになる．

　これに対しわが国では，電気的寿命は ED 40% でテストすることに決められている．仮に市場のコンタクターが KM 社と同じ温度上昇の時定数とすれば，逆に市場品のモーター出力は 80% で考えないことには IEC 158 のコンタクター国際規格品との比較はできないことになる．

　わが国ではモーター投入電流が定格の 5 倍でテストされ，国際規格は 6 倍である点から定格出力は 5/6 で考慮すべきだと申しあげたが，更に使用率 40% でのテストのため，実際には 2/3 の出力で平均寿命が期待できると考えてはいけないだろうか．5.5 KW 用は 3.7 KW と 1 ランク下げて考えるべきなのである．

16.6　新品にも避けられない接点溶着

接点は消耗して溶着すると，同時に，寿命が来たと一般に信じられている．しかし新品といえども接点に溶着が発生することは避けられない．先ず第一に考えられるのは，マイクロスイッチ又は誘導型過電流リレーの採用である．使用状態でコイル回路に数 ms の開路状態が生じた時に全負荷付近で接点が衝撃でバウンドすると接点溶着が発生する．

第二に考えられる原因は，制御回路電圧が 60% 付近に低下して多少継続した時に発生する．この電圧は落雷があったり，付近に短絡があった時に発生する．又モーターの欠相運転時には欠相端に誘起電圧が発生して生じる．この場合も主接点が完全に開放されず，接点圧が著しく低い状態になって負荷電流で接点が著しく温度上昇した時に電圧が回復するからスポット状の溶接班点を生じ，接点溶着が発生する．

第三にはコンタクターコイルにマイクロスイッチ等のチャタリングする接点開閉で電圧を加えた時で，モーターの投入のピーク値は定格の 16 倍にも達するため，接点はたまらない．同じく投入電流で制御電圧が 85% 以下に下がる時に接点溶着が発生する．例えば走行用クレーンでモーターを投入すれば，トローリ等の電圧降下でコイル電圧は一瞬著しく低下し，接点圧が減る．どのような現象が生じるかは説明を要しないだろう．制御トランスを採用する時も，コンタクターコイルの投入電流が著しく大きい場合には電圧変動が生じ，好ましくないことがある．又，これらの時は同じ制御回路の他のリレー等にも支障を来たすことが多い．

16.7　ピックアップ電圧とシール電圧一致が故障防止に必要

ユーザーにとってはコンタクターの構造は本来どうでもよい問題である．モーター負荷で寿命が保証されればよいので，構造にほれて製品を選択すること

は慎まねばならない．

　コンタクターは前節でも申しあげた通り，新品でも接点溶着が発生する．例えば 100KVA のトランス電源で 100KW 近いモーターを投入する場合，その回路を開閉するコンタクターの投入には著しく時間がかかり，接点はたちどころに傷んでしまう．この場合は投入時のコイル電圧は 105% 位であり，接点がタッチした瞬間にコイル電圧は恐らく 75% 以下となるので，シール電圧 75% の故障を起しかねない．

　この現象と反対に，市場品では最小動作電圧が 85% の製品は，例えば，この電圧より低い 80% の電圧でも主接点がタッチするまでは動作する．この電圧をピックアップ電圧と称している．主接点が完全に密着するのに必要な電圧はシール電圧と称し，これが最小動作電圧に相当する．従ってシール電圧よりピックアップ電圧が低いと，主接点はタッチしたままで接点圧が不充分なために溶着し，コイルには依然として投入電流が流れ，焼損が発生する．

　次に，開放電圧が大切である．コイルを完全に切れば問題ないが，実際には電圧が異常に低下する瞬間がある．この時，例えば 70% 前後のコイル電圧で鉄心が僅かに離れた状態が発生する構造では主接点圧が異常に減少することから，モーター負荷電流は増大してスポット溶接をするのと同様の現象が発生する．電圧が再び回復するから問題なのである．

　この両トラブルはコンタクターの電圧信頼度と呼ばれて，性能の確認に大切である．

16.8　コンタクターにも接触信頼度

■最小動作電圧 75% に成功

　100 倍信頼度が高いのである．理論や算定基礎は技術資料にも掲載してある．通信用リレーと中電流のリレーとは接触不良の発生機構が異なり，中電流の補助リレーのアレンブラッドレーテストでは，モーター用コンタクターの動作不良は解明できないのである．この解明がなければ補助リレーだけでシステ

ムが動くのでない以上，コンタクターの改良が進まない．

モーター用コンタクターについて接触信頼度を考えられたことがあるだろうか．コンタクターを押釦操作でモーターが起動しない場合に，押し直した経験のある人は多いと思う．しかし，自動装置でリレーの接点を介してコンタクターを投入する時はどうするのだろう．リレーが動作しているのにモーターが回らない場合の罪はどこにあるのだろう（表 16.1 参照）

表 16.1 コンタクター接触信頼度―ミス発生の平均間隔
上表：ドイツ市場品，下表：KM コンタクター

Guiding rule : DIL Universal Contactors are 100 times more reliable.

Comparable Contactors for kW at 380/415 V	Average total number of operations Z between 2 faults with a rated control voltage of:						
	12 V	24 V	42 V	110 V	220/240 V	380/415 V	500 V
4	—	—	10^4	$5 \cdot 10^5$	10^7	10^8	10^9
7.5	—	—	10^3	$5 \cdot 10^5$	10^7	10^7	10^9
18.5	—	—	10^2	10^5	10^6	10^8	10^9
30	—	—	—	$5 \cdot 10^4$	10^6	10^8	10^9
45	—	—	—	10^5	10^6	10^8	10^8
75	—	—	—	10^4	$5 \cdot 10^6$	10^8	10^8
110	—	—	—	10^4	10^6	10^8	10^8
200	—	—	—	—	10^5	10^7	10^7

Universal Contactor	Average total number of operations Z between 2 faults for $U_{inst}/U_N = 0.9$ at a rated control voltage of:						
	12 V	24 V	42 V	110 V	220/240 V	380/415 V	500 V
DIL 00...-	—	10^4	10^6	10^7	10^9	10^{11}	10^{12}
DIL 0-11(22)	—	—	10^5	10^7	10^9	10^{11}	10^{11}
DIL 0a-22	—	—	10^5	10^7	10^9	10^{11}	10^{11}
DIL 2(v)-22	—	—	10^4	10^6	10^8	10^{10}	10^{10}
DIL 3-22	—	—	10^3	10^6	10^8	10^9	10^{10}
DIL 4-22	—	—	10^4	10^7	10^8	10^9	10^{11}
DIL 6-22	—	—	10^3	10^6	10^9	10^9	10^{11}
DIL 8a-44	—	—	—	10^6	10^9	10^9	10^{11}

■コイル投入電流が大きければ信頼度低下

　信頼度に影響する主なファクターとしては，コイルの投入電流が大きい程性能は低下する．又，最小動作電圧は寿命を犠牲にしない範囲で低い方が好ましい．市場品で投入電流が 2800 VA に達する製品，稀には 4000 VA の製品がある（表 16.2，図 16.2 参照）．

16.9　機械のライフスパンに合わせたコンタクター選定資料

　日本では交流電磁開閉器と呼べば，過電流保護付電磁接触器を意味する．もともと二つのユニットを組合せただけのコンタクターとサーマルリレーに分けて考えたい．用途は極めて複雑で，モーターの起動及び停止だけでも逆相制動まである．従ってメーカーは，ユーザーの負荷条件に合致した使用条件下の性能を発表しないことにはユーザーが選択に迷うのである．

　市場品のカタログには使用電流，電気的寿命，閉路遮断容量だけしか明示していないものが多い．5.5 KW の E 種モーターを毎時 300 回のインチングで 7 時間ずつ 7 年間使用したいとあれば，どのコンタクターを使用すればよいか，即答出来るだろうか．

■メーカー自己満足の性能より，フィールド性能，保証の時代

　コンタクターには日本も参加している IEC（国際電気委員会）の規格がある．ユーザーが日常使用して，例えば 50 万回トラブルが発生しないためにはメーカーはどのようなテストをすればよいかを決めるべきで，規格は出来る限りこれに等価のテスト方法を考えるべきである．昔，自動車は最高 160 キロとか燃費 24 キロと競ったが，これではユーザーは性能比較はできない．現在は 10 万キロ，4 年保証，市内走行燃費 11 キロの如く改められた．

第16章 コンタクターを考える

表 16.2 コイル投入電力と最小動作電圧（ドイツ市場品平均）

Motor rating at 380 V kW	Technical data for DIL Universal Contactors		Comparable Contactors	
	VA	U_{min}/U_N	VA	U_{min}/U_N
4	40	0·75	46	0·85
7·5	50	0·75	75	0·85
18·5	210	0·75	175	0·85
30	210	0·75	280	0·85
45	300	0·75	435	0·85
75	410	0·75	730	0·85
110	580	0·75	1·700	0·85
200	1·170	0·75	2·800	0·85

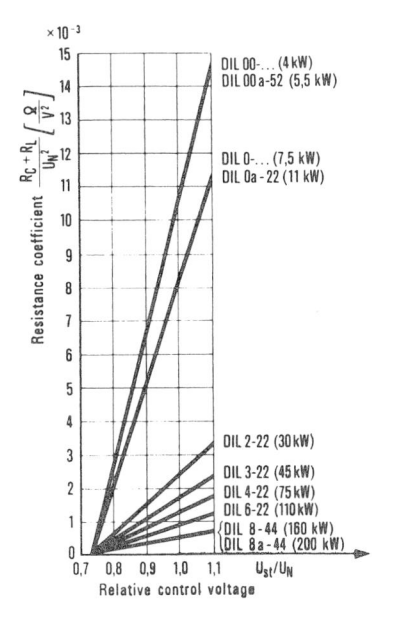

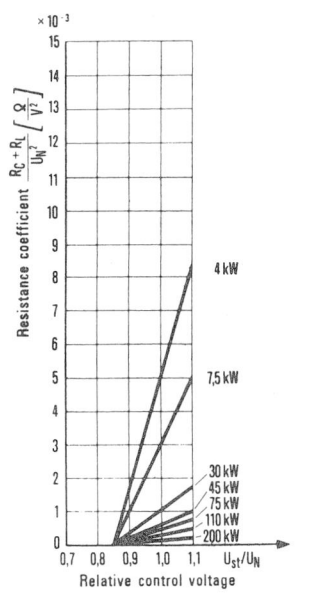

Resistance coefficient of DIL Universal Contactors

Resistance coefficient of standard commercial contactors

図 16.2 抵抗系数

16.10 可逆用コンタクター，電気的インターロックだけで20 ms の可逆インターバルに成功

コンタクターの可逆用に電気的インターロックのみで信頼ある操作を可能にしたので，クレーン等に搭載して走行中の横偏れや衝突で相間短絡の恐れがないため，ドイツではクレーン用に機械的インターロックは不要である．

コンタクターの直接可逆制御で中間に遅延のためのリレー等を必要としない．このためにはコンタクターを遮断した時は三相の電流がゼロになった瞬間に確実に遮断する．

16.11 スターデルタ切換 3 コンタクター形式

ヨーロッパではラインにモーター投入電流による電圧変動を与えないために，更には工場の受電容量を合理化する上からも，スターデルタ起動が頻繁に採用されている．例えば，100 KVA の受電用トランスで 75 KW のモーターを直入すると，起動電流を 6 倍と仮定しても 30％ 近い電圧降下が生じる．制御回路等にも障害を与えずにはすまない．しかしスターデルタ起動にすればこの電圧変動は避けられるのである．

■ヨーロッパで安全上禁止された 2 コンタクター形式

スターデルタ起動ではコンタクターの容量が直入に較べて小さいものですむ．日本では 2 台のコンタクターですませているが，これではモーターは常に充電されている．モーターが停止しているからと安心は全く許されない．3 コンタクター式ではかかる危険もなく，1 ケのオーバーロードリレーでスター接続，デルタ接続何れの場合の保護も兼ねられる（図 16.3 参照）．

スター接続からデルタ接続に切替える瞬間にローターの残留磁気で発電機の状態が生じるので，100～200 ms の間を持たせることが必要である．

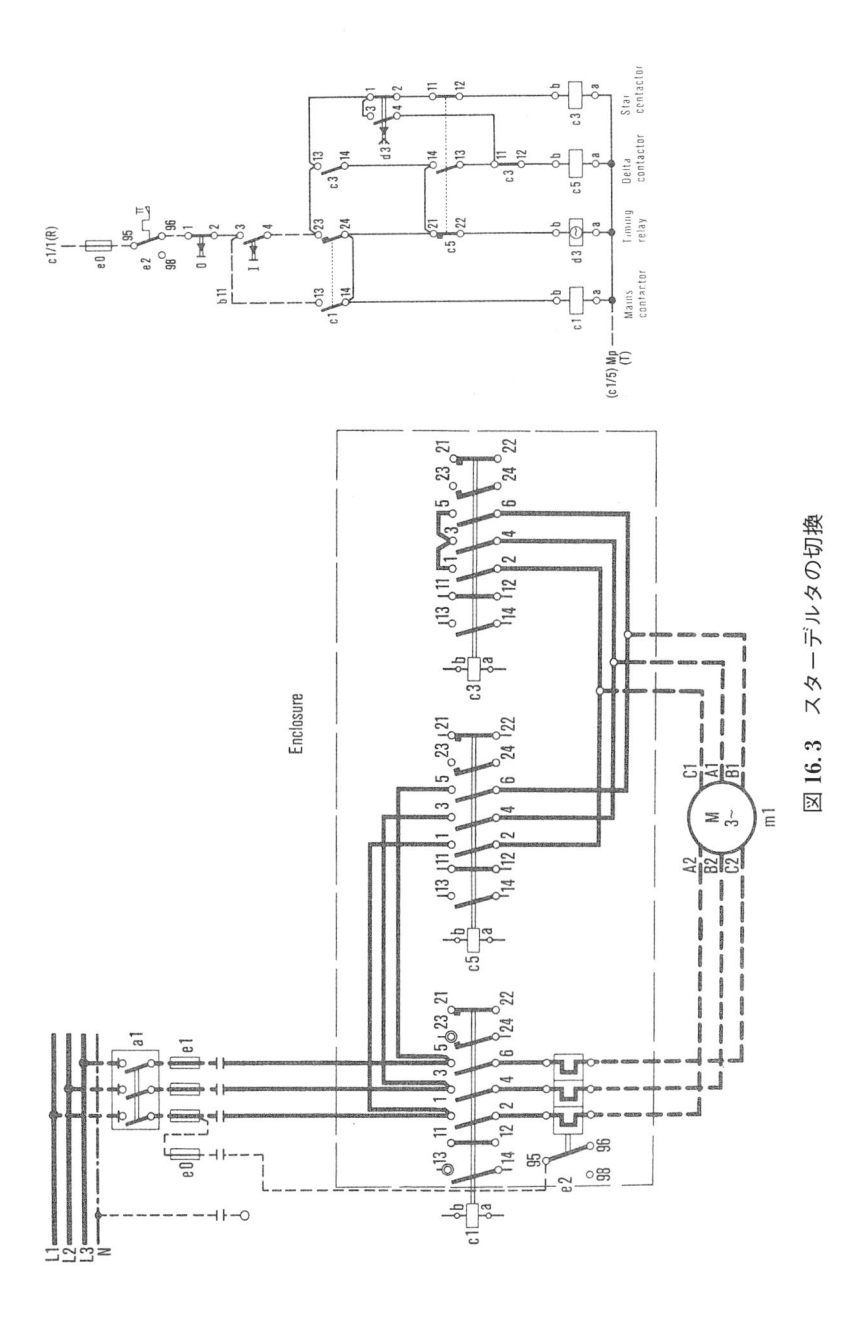

第16章 コンタクターを考える　191

図 16.3　スターデルタの切換

16.12 クレーン用コンタクター使用率，インチング逆相制動の考慮が入用

クレーン用コンタクターはインチング動作，逆相制動で苛酷な条件で使用されるが，万一運転中に故障すれば直接間接の損害は計り知れない．従来は保守点検を定期的に行い，接点の取替え等が常識になっている．そのため，接点の状況から残存寿命を予測したりする指導が必要となる．

■保守無用のコンタクター選定資料完備

クレーン用として無保守で100万回開閉できるコンタクターのデータ，カゴ形でクッションスタートの場合や，巻線形でステーター，ローターに分けてローターの抵抗短絡の場合のステップコンタクターの使用率が低い場合のデータ，巻線形のインチング動作のデータなどを確認することにより，信頼できるコンタクターの選択が可能になる．

時には毎週接点の手入れを行い，半年や1ケ年で新品に取替えるコストを考えれば，無保守で50万回，100万回のオペレーションが保証される製品はトータルコストで抜群に経済的なことが分かっていただけることを期待する．

カウンターで操作回数をチェックし，寿命に達すれば直ちに取替えられることをお願いしたい．

16.13 単極コンタクター抵抗，負荷，熔接機用

力率1に近いヒーター用コンタクターは，AC1定格で連続使用できる．コンタクターの遮断速度が速く，最初に電流ゼロになる瞬間に切れるのであれば，単極用として用いるにはターミナルに1P金具を追加するだけでよい．最高1200Aの容量が可能で，このコンタクターを3台使用すれば3相1200Aのヒーター制御が可能になる．

同じく3相用コンタクターを2台並列して使用することも可能で，この時は個々のコンタクターは定格の60%で容量計算ができる．例えば，400 A 容量で寿命が10万回要求される時は，3相400 A のコンタクターを1台使用するより，3相240 A のコンタクターを2台並列使用する方が有利になる．

16.14　直流操作用コンタクター，エコノマイザー追加だけ

　コンタクターの直流操作はクレーン制御等で見られる．これは過去に於いては交流電磁石のコンタクターにトラブルが多かったため，コイル焼損の比較的少ない直流操作が採用されたいきさつがある．現在では認識を100%改めて貰いたいもので，交流コイルのトラブルは，1万個に1ケも発生することがない．文字通り万一があてはまるまでに改良されている．

　直流操作は深夜電力利用のヒーター等，交流独特のウナリを嫌う用途に対してドイツでは使われている．病院等でも用途があるのではなかろうか．

16.15　直流回路開閉用コンタクター

　直流回路の開閉は従来は高価で，しかも保守に金のかかるコンタクターを使用しなければならなかった．しかし，今は主接点の交流用デアイオン部を直流用に取替えるだけで目的を達成できる．

■DC デアイオンに取替えただけで充分

　KM社のコンタクターは遮断速度が極めて速く，交流を遮断した場合に，大容量でもアークが消える迄の時間は，最長15 ms にすぎないため，このデアイオン部を DC 用ブローアウト式に改めるだけで安心して直流回路の開閉に使用できる．

　直流モーターの可逆運転等に直流回路開閉用コンタクターは，技術が進むにつれ，速度調整を微細にやりたい用途等が増加し，更にサイリスタ制御が経済

的になって，応用されることが多くなるであろう．

　直流の用途には更に電磁弁や電磁ブレーキ，電磁クラッチ等がある．この場合，接点を無雑作に直列にすると遮断時の誘起電圧が15～20倍に達し，別のトラブルを発生する．しかしコイルに並列に抵抗を入れればクラッチの切れが悪くなったりするので種々の対策が取られ，ドイツではDIN 43235に案が発表されている．

16.16　補助接点—接触信頼度を左右する重要な要素

　コンタクター付属の補助接点は，コンタクターコイルの投入容量が大きく，力率の悪い状態で使用されるコンタクターと同じだけの寿命を必要とする．しかし，わが国では規制がない．大容量のコンタクターでは市場品はKM社製品の2～3倍と投入電力の大きいものがあるので，杞憂にすぎないことを望みたい．次に問題になるのは動作位置で，図16.4にKM社の接点移動のトラベル表を示す．

■端子記号はヨーロッパ統一

　制御機器の接点端子は記号は下一桁の1, 2をb接点，同じく3, 4をa接点としている．ヨーロッパ製品は，全ての制御機器全般に補助リレー，タイマ，リミットスイッチ及び，押釦スイッチ等に至るまで統一されている．従って接点が見えなくとも確認する必要がない．

　図16.4では，補助接点は標準としては2a, 2bで構成され，内1aは端子記号23-24，及び1bは端子記号21-22である．端子記号21-22, 31-32のb接点はスローブレークであり，端子記号(23, 24)のa接点はクイックメークのオーバーラップ接点になっている．

　(11, 12)のb接点は可逆コンタクターのインターロックに，(21, 22)のb接点は直流操作の場合にエコノマイザー抵抗を並列に接続するのに使用される．

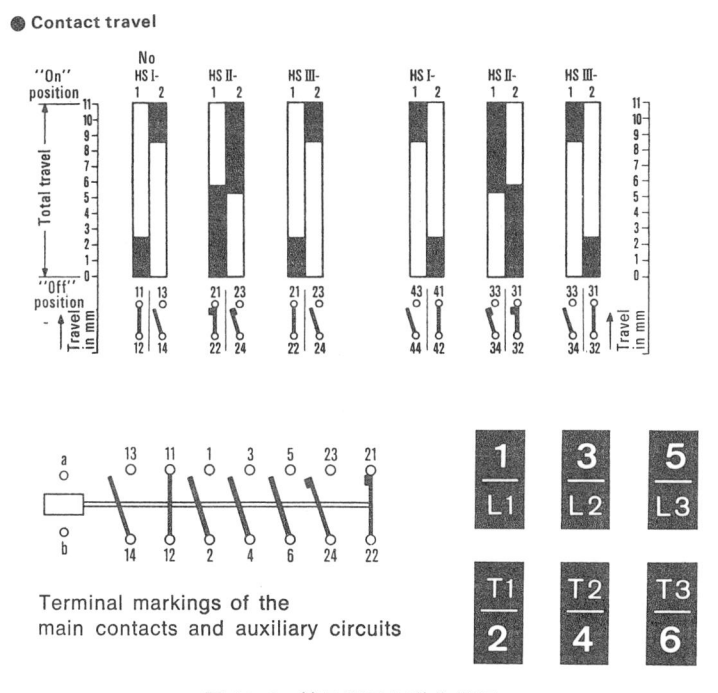

図 16.4 端子記号と動作状況

16.17 コンビネーションスターター

　モーター毎にコンタクターを使用する時はコンビネーションスターターが有利である．短絡保護と過負荷保護に使用する機器は，定格電流が 40 A 以下であればドイツで流通するモータースターターの採用を推奨することができる．モータースターターは別項で述べた如く，過電流の保護が厳密であり，サーマルリレーを別に使用する必要がない．

■モーター過負荷，電線，短絡保護付
　短絡保護は電線の保護上必要である．日本ではノーヒューズブレーカ，サー

マルリレー，コンタクターの組合せが必要であるが，モータースターターとコンタクターだけで充分である．これを一般工場で使用する場合，防塵防蝕構造のポリカーボネイト製ケースに納めることで，透明で透して看視できるためにコンタクター，ノーヒューズブレーカの開閉状況が一目瞭然である．従ってシグナルランプ等が不要になる．二重絶縁で表面に注水していただいても感電はしないことが特長である．

■閉鎖形保護構造の交流電磁開閉器は一般工場には不向き
　市場では電磁開閉器は閉鎖形の保護構造の函が常識であるが，塵埃の多い所に閉鎖形を使用したために接触不良事故を起したり，相関短絡事故を起すケースが少なくないなど，環境によるトラブルが懸念される．
　コンタクター等を粉塵，ガスから護るためには，IEC規格のIP 55の防水防塵構造及び二重絶縁を採用している．

16.18　撚線直接接続の技術が進んだヨーロッパ

　コンタクターやノーヒューズブレーカ等に電線を接続する場合には，撚線や帯電線を直接締付けることが圧着端子を使用するよりも安全である．特にノーヒューズブレーカの接続には信頼性を要求され，万一のアークにも短絡を誘発しては困ることから圧着端子は不向きである（図16.5参照）．

■絶縁確保が難しく，振動や引張りに弱い圧着端子
　圧着端子は，アメリカで銅管端子接続を要する所に省力で開発されたものである．ヨーロッパは永い伝統から直接撚線を接続する技術が進んでいるので，省資源，省力の点は勿論，確実性でもアメリカより一歩進んでいる．圧着端子は電線に張力が加わった時に緩むおそれが多分にある．更に充電部がコンタクター等の端子から突出して，感電の恐れがあり，工具や電線の切屑での短絡の危険も多い．

第16章　コンタクターを考える　　197

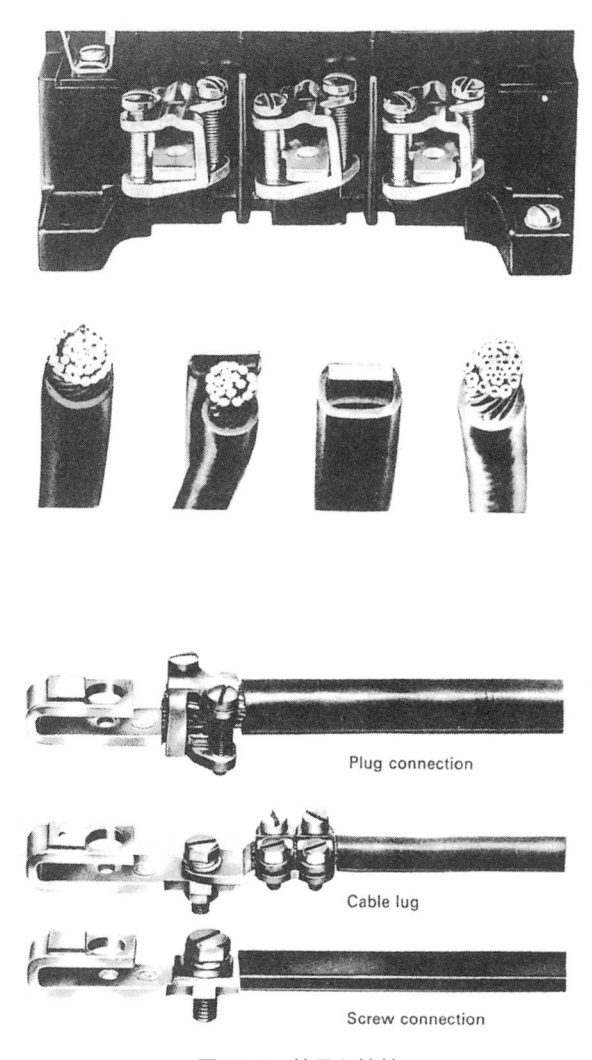

図16.5　端子と接続

　コンタクターは図16.5の通り幾通りもの接続が可能であり，大型コンタクターには制御回路を同一端子から引出すための小端子も附属している．尚，取付ネジは補助リレーには，M4ネジ及びコンタクターの全てがM5に統一さ

れ，器具に脱落しない様準備されているので，垂直面に取りつける作業は至って簡単である．

16.19 モデルチェンジの必要ない性能

　安定成長下の現在は，機械設備を10年，15年と使用しなければならなくなった．この間にコンタクタ類に寿命が来ると，故障取替えを要することになる．旧形式で入手できなくなったり，取付寸法が変っては困るのである．
　この点からもモデルチェンジを繰返す市場品は何れお困りになるのではなかろうか．ドイツでは，10年近くモデルチェンジをしておらず，恐らく10年，20年モデルチェンジをしないですむように設計されている．実際に，補助リレーは25年近くモデルチェンジなしである．
　さらに，積木式ユニットでいわゆるコンビネーションが開発されている．これは，ドイツ人の好きな積木式デザインで，基本形に部品の追加だけで直流操作，直流回路，可逆用に全て使用できる．従ってユーザーは基本形だけの予備でも，急場は旧製品のメカニカルロックやコイルを流用して，運転には支障を生じない．更に現在占有スペースは市場品の約半分に近いので，市場品のスペースにアダプタープレートを採用するだけで，わざわざタップ立等の作業はしなくても取付けができる．

16.20　660V時代到来

　660V対応のオーバーロードリレー，ノーヒューズブレーカ等が容易に入手できないことには困るが，現在供給されている製品がVDE 0110で規定された産業機械向の絶縁段階C級であれば，定格電圧が1000Vまで使用可能である．この製品を200V又は400V回路に使用することは問題とはならない．
　工場電気設備といえども国際競争に勝つためには外国並みのコストと安全でないと困るのであって，モーターや制御機器の輸入品が経済的であれば輸入す

ることが国際経済上好ましいことではなかろうか．

　工場動力の電圧は200V時代から400Vに漸次移行し，やっとヨーロッパの380V 50Hz標準に近づいた．今更200Vと400Vの優劣を論ずる必要もないが，現在IEC国際電気委員会では660Vは標準電圧として採用されている．更に鉱山等では1000Vが一部で実用されている．

　日本では400Vから一挙に3000V級にモーター電圧が飛んでいるが，3000Vになればコンタクター等が全て高圧用になり，しかも工場用のモーター等は頻繁に起動停止が出来なければ困るのである．モーターが1ケだけ単独に使用されるのでない以上，他のモーター，例えば200V級が400V級とのインターロックも当然考える必要があり，従来の制御回路そのままでないと複雑になっては困るのである．いくら電線だけが安くてもだめで，トータルコストでの比較が大切である．

第17章
モーターは焼ける

17.1 わが国のサーマルリレーは，トリップ電流設定のアメリカと妥協して

■過負荷保護ではなく過電流保護規定

　サーマルリレーの使用目的は，モーターの温度上昇を早期に検出するためである．温度上昇をチェックするのであれば熱動形，いわゆるサーマルタイプはモーターの温度上昇の時定数に近いものをいかに開発するかが腕の見せ所の筈である．わが国では，過電流125%，200%，500%に対する3チェックポイント共，時間の上限だけが決められているのである．

　モーターを温度上昇から守るのが本来の目的である以上，オーバーロードの程度に応じて時間の上限を決める場合，125%，200%の数値とすることが問題ではあるが，上限とすることは正しい．これに反し500%はデーターの起動を可能にする条件である．熱動形なら200%を規制すれば自動的に500%は発熱量が6倍を超えるので早くなりすぎる．従ってモーターの起動が出来なくなるから500%では起動できる下限を決めるべきではないか．

17.2 VDE 規格より定格出力付近で 1.5 倍高精度

ドイツでは VDE 0660 電気規格が完備し，アメリカとよい対照を示している．この規格にサーマルは図 17.1 の如く定められている．しかし，モーターの保護には不充分なので，現場では更に厳格なテスト条件を要求している．

この図でわかるように，150％ ロードではドイツのモーターは 2 分耐えればよいし，サーマルリレーも同じ条件で決められている．200％ で 4 分以内といった規定がある場合，モーターの寿命を縮める．また，室温補正等は，バラツ

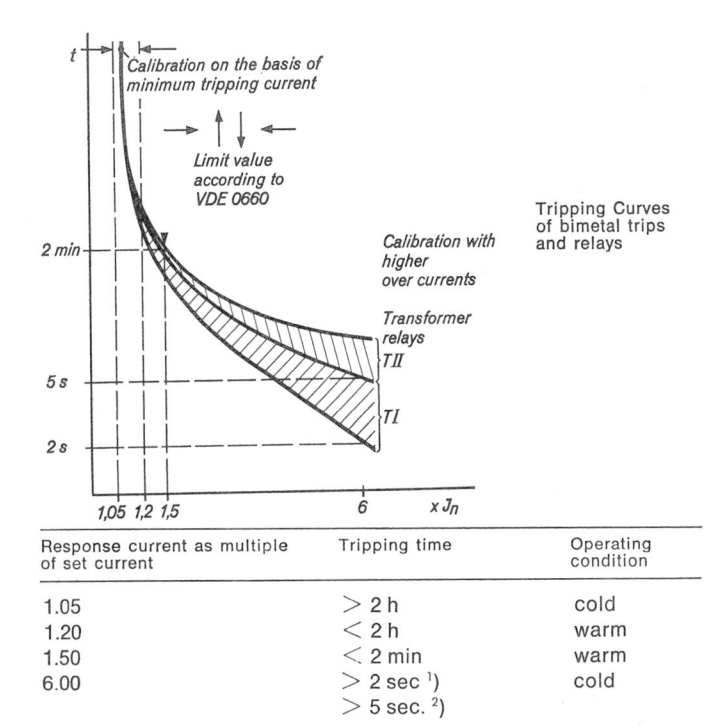

Response current as multiple of set current	Tripping time	Operating condition
1.05	> 2 h	cold
1.20	< 2 h	warm
1.50	< 2 min	warm
6.00	> 2 sec [1] > 5 sec. [2]	cold

[1] Characteristic T I　[2] Characteristic T II

図 17.1　サーマルリレーの引き外し特性曲線

キがあった場合にモーターの焼損を防止できない．枝葉末節の問題であり，バラツキを減らして始めて室温補正係数も活きてくる．

17.3 過負荷保護のサーマルリレー，モータースターター，ノーヒューズブレーカ，サーミスタリレー

　モーター過負荷保護のために考えられたサーマルリレー．しかしサーマルリレーもモーター定格の10倍以上流れればサーマルリレーが働く迄に破損する．更に短絡では特性変化し後日のモーター過負荷保護には役立たない．コンタクターも定格の10倍以上で故障する製品とすれば何れも保護が入用なのである．

　市場のヒューズではヒューズ定格が荒く飛んでいるのでモーター定格の10倍付近ではヒューズは切れる迄時間がかかりすぎるのである．

　モーター回路に挿入するブレーカは電線の許容電流の2.5倍まで認められている．この観点からKM社を例にあげた場合，モーターの定格電流に設定できるブレーカを開発し，しかもモーター保護特性を具備している．従ってブレーカを採用すればモーター，コンタクター，電線も同時に保護でき，トラブルを発生する領域は存在しない．特に小形のブレーカはモータースターターと呼ばれている．

17.4 間欠運転も保護出来るサーマル特性

　サーマルリレーは，モーターが間欠運転でも過負荷を防止できなければならない．従ってサーマルの時定数を極力モーターの時定数に近づけるのでなければ間欠運転時の保護は不可能である．例えば，モーターを使用率40％で運転する時はモーターの出力は増加する．

　サーマルリレーは，温度上昇の時定数を極力モーターの時定数に近づけるよう開発が進められ，このようなモーター保護が可能になったのである．例え

ば，連続定格 22 KW のモーターは使用率 40％ で 30 KW に使用できる製品は，過負荷保護が可能である．

■重起動モーター用サーマル

モーターによっては例えばブロワー等起動に著しく長い時間を要するものがある．この場合は飽和 CT 付サーマルリレーが有利である．6 倍の起動電流が 20 秒近く続いてもよい．

インチングが激しい時等にはヨーロッパ規格のサーミスタリレーを使用するべきである．

17.5 欠相保護

欠相時のモーターの温度上昇と三相通電のモーター温度上昇の比較が行なわれている．15 KW 以下のモーターは欠相では温度は定常時に達しない．汎用モーターの 80％ 以上が 15 KW 以下なら，このモーターは欠相に対しては安全であり，2E サーマルリレーは不用と云える．

次に，スター結線のモーターは仮に 15 KW 以上でもサーマルで保護出来るのである．この場合，欠相保護は全く不用である．

■モーターは電流でなく温度超過で焼ける

仮に 70％ 負荷で各巻線に定格の 85％ の電流が流れた時の温度上昇が三相平衡負荷で 125％ を超えなければ，連続運転を認められる時の温度上昇には欠相を生じても達しないから欠相付サーマルリレーは不用になる．

また，65％ 以上の負荷の時はサーマルリレーでトリップし，それ以下の 60〜65％ 負荷でしかも大容量のモーターに限り検討すればよい．しかもノーヒューズブレーカを採用すれば欠相は解消する．

17.6 欠相の最大原因は劣化するヒューズ

　欠相を考える場合，対策よりも根本原因を追求することが将来のためである．短絡でヒューズが一相だけ切れた事例がある．ヒューズは，短絡で二相共切れたり，また，一相だけしか切れないのはなぜか．面白い問題である．サーマルやコンタクターは定格の10倍以上で特性劣化や溶着が発生するから保護が入用である．この目的にヒューズを入れた為に欠相によるモーター焼損を発生することがある．対策としてモータースタータを採用すれば3相同時遮断で欠相は発生しない．又ヒューズではサーマルリレーやコンタクターを10倍前後の故障電流で保護できる溶断特性を期待してよいだろうか．

　本論に戻ってなぜヒューズが一相だけ飛んだか．結論を先に申しあげれば溶断特性が変化した筈である．ヒューズの選択に当っては当然モーターの起動電流を考慮に入れなければならない．電気的寿命50万回のコンタクターを採用する場合，メーカーで供給されるコンタクター回路に入れるヒューズもサーマルリレーやコンタクターが保護できて尚且50万回の起動電流テストをする必要があり，劣化して欠相するようでは問題となる．更にヒューズは電流を開閉の都度汚染した空気を呼吸して居る筈で，連続通電で使用されるヒューズの形式承認試験では考えられないトラブルが工場では発生する．

17.7 ダブルトリップバー式2Eサーマルは欠陥商品

　2Eリレーは欠相でなく先ず3相不平衡電流で，どのような働きをするだろうか．2相に100%，1相に90%の時にトリップしないか．3エレメントに特性差があった時どのような状況が発生するか．

　サーマルリレーは115%でトリップするよう全数較正してあり，欠相の時は10%アップの126%でトリップする．モーターがデルタ接続で負荷が60%付近だけが要注意の領域で，正常負荷でも軽負荷でも巻線に危険な電流は流れな

い．更にS社の研究の如く90％のモーターは欠相には全く安全である．

先ず，市場品の125％トリップを115％まで性能をあげることの方がモーターの焼損防止には先決と申しあげたい．

17.8　モータースターター

モータースターターは，1人4役(起動・停止釦，過負荷保護，欠相保護，短絡保護)の万能選手である．モーターのオーバーロードとモーター回路の短絡防止を兼ねた便利な製品がモータースターターの名称の下に1932年以来，KM社から供給されている．現在年産130万台に達して居り，毎月10万台以上のモーターがこの恩恵を蒙っている．日本の汎用モーターは月産15万台であることと併せお考えいただきたい．

ドイツVDE規格といえどもモーターの過負荷保護の合格基準は甘すぎる．

ドイツのモーターは110％の連続負荷と150％で2分間の過負荷に耐えることが要求されている．これ以上の負荷でもモーターはすぐに故障はしないが，絶縁劣化が促進されて，何れ地絡等の事故に発展するので，この条件にマッチした過負荷の保護でなければならない．

従って，モータースターターは負荷が105％ではトリップせず，115％ではトリップすることが特長である．150％では2分±20％でトリップする．モータースターターは，トリップ特性が生命である．モーターは110％の連続負荷が精一杯である．これ以上で長時間使用すれば絶縁劣化し，何れ地絡や相間短絡に発展することが分かっている．

モーターの過負荷保護が目的なら，電流はモータースターターの如く可変が必要である．三相同時遮断である以上，ヒューズの如く劣化して欠相を生ずるおそれが全くない．定格の11倍の電流では5ms又は2msでトリップする．モーター回路に10倍以上流れることは異常であり瞬間にトリップするから故障は大きくならない．

■モータースターター押釦で直接操作50万回寿命

　モータースターターは直接モーターの開閉も出来るし，パネル内部に取付けてサーマルリレーと短絡保護の任務を負わせ，常時開閉しない目的にも適している．赤と緑のボタンで，10万回のモーター起動停止が保証されている．開閉最高毎時40回まで使用でき，この頻度で毎日7時間年間250日使用すれば7年間で50万回に達する．

　定格電圧1000V，しかも絶縁階級はVDE 0110のC級に相当し，AC 1000Vで使用できる製品を400V回路に採用して始めて安全が期待出来るのである．クリーンな部屋で新品を250V用としてテストして，汚染した空気の工場内で200Vで使用する場合，感電事故は減らないだろう．

　何れも定格電流4A以下は限流構造で無限大の短絡にも耐える．KM社のモータースターターは，現在，世界最大の380 KAのサージジェネレータでテストした実績から確言できる次第である．

■モータースターター停電再起動防止に低電圧トリップ付

　モーターは停電した際，電圧が回復して自動的に回転しては危険を生じるので，原則としては再起動防止装置が入用である．このためにコンタクターに自己保持回路を設けた押釦操作が常識である．モータースターターは特にモーターが1台限りの用途に好適だと申しあげたが，このような安全対策が入用な場合には低電圧トリップ付を使用すればよい．停電するとモータースターターを開の状態にしてくれる．勿論，押釦の停止釦（赤）が引込んで停止状態を表示する．安全上ドイツでは押釦式のメーンスイッチは釦の位置で入切が分からないと使用できない．コンタクター制御で再起動防止を行う代りにモータースターターを採用すれば，押釦や交流電磁開閉器が節約され，更に短絡保護も出来るのでスペースも配線等も有利である．

■制御回路インタロック用補助接点

　モータースターターにノーヒューズブレーカ同様補助接点が合計2接点迄取

付けでき，a, b接点自由の組合せでよい．シグナルランプやインタロックに便利でモーターが多数使用される場合の制御回路に使用する時に役立つ．

■防水防蝕が標準二重絶縁構造
　モータースターターは単独で使用する時は，防水防塵防蝕構造の函入が適当である．二重絶縁で感電防止に理想的で漏れた手で，湿った室内で使用していただける．
　機械に直接埋込み出来る形式やパネルの表面に釦だけ取付け，中板にモータースターター本体を取付ける分離形式が揃っている．又，安全のため個人持ちの鍵を3ケ迄取付け出来る安全スイッチにもなる．

■モーターブレーカ
　市場にはモーターの過電流と短絡保護を目的としたブレーカが種々商品名を変えたりして販売されている．しかし先ず第一に5.5KWのモーターにはどれを採用してもよいとは云えないのである．例えば日本のブレーカは5.5KWモーターの定格電流が200 V 25 AのE種モーターに対しテストされている．しかし，日本の標準では5.5KWモーターの規約電流は26 Aとなっている．
　市場品には21 Aだってあり得るとすれば，25 Aで製作されたモーター用ブレーカは実に150％負荷でトリップをするのである．
　E種モーターを目的につくられたモーターブレーカは，A種モーターの過負荷保護に役立たないとユーザーは気付くであろうか．各社製品についても同様のことが考えられるので注意が必要で，モーターは精々110％の過電流にしか耐えられないのである．
　モーターの規約電流値で固定されたモーター用ブレーカは，モーターの定格電流が一致しない限り使用できない．

第18章
コントロールリレー

18.1 補助リレー──保証寿命3000万回

　補助リレーに要求されるのは電気的寿命と接触信頼度である．

　補助リレーの主用途はコイル負荷であるため，VDE規格で投入電流は使用電流の10倍のAC 11負荷として電気的寿命を考えることになっている．

　図18.1は保証寿命曲線である．プレス等，1日1万回動く機械は多いが，この場合300日運転すれば年間300万に達する．7年はおろか10年，15年と機械は使用される以上，この間取替えないで使用できる必要がある．この看点から機械のライフスパンに合せて補助リレーやコンタクターが選定されないことには将来保守費用の増大に泣かされる．この目的のためには保証付の電気的寿命が是非必要である．

■汚損された環境で使用する補助リレー

　市場品は全てクリーンな場所でのテストデータなので，粉塵やオイルミストの多い現場ではカタログ通りの寿命の適切性を考える必要がある．市場品では同一隔壁内の接点は異電位のものをつながないように規制しているが，閉路遮断にはアークが発生し短絡することも考えられ，悪い環境での使用を検討しな

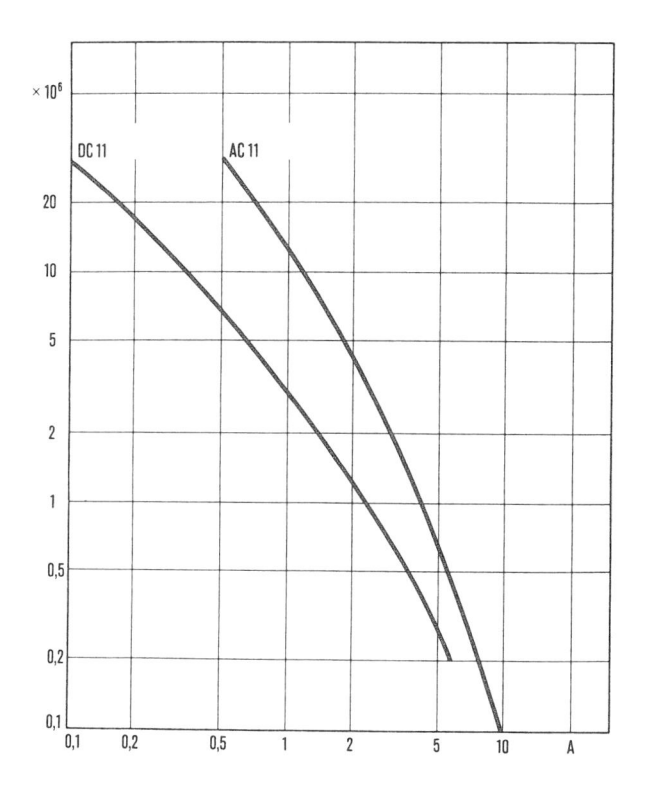

Rated operating current Ie
to AC 11, 220/380/500 V:

図18.1　補助リレー保証寿命

■接触不良

　接点を含む機器は通信用リレーから大容量コンタクターまで，広範囲で接触の信頼性には一貫した理論は確立されてない．例えば100 V回路より200 V回路がトラブルが少ないことは分かっても，定量的なことは分からず，まして接触信頼度を高める具体的方法まではつかめなかった．

■制御回路のミスの発生予測(220 V 及び 42 V 比較)

		42 V〜	220 V〜
補助リレー	DIL 00		
接点	直列 4		
投入時電圧	定格電圧の 85% UINST		
計算		42 V〜	220 V〜
A 図より求めた許容抵抗			
接触抵抗 Rk＋リード線抵抗 R1	Rk＋R1	8 Ω	220 Ω
リード線抵抗(0 Ω と仮定)	R1	—	—
接触抵抗	Rk	8 Ω	220 Ω
B 図より接点 1 ケ当り(2 点遮断＝1)			
発生頻度	Gj	1×10^{-4}	3×10^{-7}
B 図より並列接点 1 ケ当り			
発生頻度		—	—
直列接点数	n	4	4
並列接点数	m	—	—
総発生頻度 F'j＝(n−m)×Gj	F'j	4×10^{-4}	3×10^{-7}
定格電圧　投入電圧	Pn	40 VA	40 VA
最小動作電流(75% 電圧の値)	I min	1.25 A	0.24 A
接点間電圧　Uk＝I min×Rk	Uk	10 V	53 V
接点消費電力　Pk＝I min×Rk	Pk	—	—
C 図より電圧フィルム非破壊頻度	Fj"	1×10^{-2}	2×10^{-3}
総ミス発生予測　Fj＝F'j×Fj"	Fj	4×10^{-6}	24×10^{-10}
平均ミス間の回数 Z＝1/Fj	Z	$1/4 \times 10^6$	$1/24 \times 10^{10}$
		250,00	400×10
		25 万に 1 回	40 億に 1 回

■最少動作電圧 75% は必要条件

　制御回路の信頼度は 16.8 節の如く定量的に計算できる．この基本になった

のは相当回数実用した接点の接触抵抗累積頻度曲線である．回路に挿入されるサーマルリレーの接点，コンタクターの補助接点からリミットスイッチの接点全てが対称である．この材質，接点圧等が全て影響を与えるので，この頻度曲線の改善の努力が望ましい．マイクロスイッチ等はこの点難色がある．

抵抗係数（図16.2参照）は機器毎に特性を調べれば分かる．最小動作電圧が低く，コイル投入電力（コイルの力率が問題）が少ないことが必要である．

■制御回路電圧——VDE 0113 で 220 V を推奨

制御回路電圧はなるべく 110 V をやめて 220 V にするだけで 2 桁の信頼度の向上になる．双子接点はどれだけ改善されるのだろうか．KM 社の制御回路の信頼度の理論がうけ入れられて，従来，工作機械は制御回路の電圧が 110 V だったが 220 V に変更になったし，一般産業機械も同様である．

尚，110 V の代りに 220 V にすれば負荷電流は半減するので，平均 3 倍電気的寿命は伸びる．又，制御回路による感電は別項にある如く 220 V でも 100％ 防止できるのである．

18.2　ヨーロッパ共通の端子記号

省力にはターミナルマークをヨーロッパ基準に統一することが近道と申しあげたい．ヨーロッパへ機械の輸出を伸ばしたいとしたら，輸出先の規格を尊重することが有利である．

性能的には国内各社共，全く支障ないターミナルマークの統一位手始めに如何なものだろう．補助リレーの端子記号 a, b はコイル端子である．a 端子を制御回路のアース側と呼ばしていただくと，R 相 T 相の T 相側，又は＋－の（－）側に全て接続していただければよい．13-14, 23-24 の一桁目 3-4 は a 接点 51-52, 61-62 の同じく一桁目が 1-2 は b 接点である．押釦スイッチ，リミットスイッチタイマ等全て同じ記号である．

外形が同じで何れが a 接点か b 接点かわざわざ図面を見るか，テスターで

チェックしなければ同一メーカー品でも同じ記号がa接点やb接点に用いられたらワイヤマーク等がなければ，サービスの人は困るのが当然である．

■10年後に真価が分かれる輸出品対策

マークが全ヨーロッパ統一されただけでDCの＋－と同様に，言語が異なる国々の作業者にもa接点，b接点の見分けがつくのである．又，10年先に取替えの必要が生じても差支えないように互換性のある取付寸法を採用している．

ヨーロッパECは共同体としての動きをこの方面にまで伸ばしていることに注目して欲しい．

18.3 ワイヤマーク不用—ヨーロッパ統一端子記号がユーザーに有利

ワイヤマークはもともとアメリカで採用された方式である．機器等の統一が全くなされてないアメリカでは当然入用になる．日本で販売されているリレーの端子記号を見ていただければ，例えば23-24の端子記号は4a4bリレーではa接点，全く同じ外見で6a2bリレーではb接点である．ワイヤマークで確認しないことには作業者も困るが，更に5年後にユーザーはもっとお困りになるだろう．リレーが密接しては，リレーの銘板からモデルを一々確認も出来ないので何a何bも分からない．電線を外してテスタでチェックする道しか残されてない．

図18.2の配線図を見ていただきたい．各接点には全てターミナル記号が記入されている．前にも申しあげた通り，ヨーロッパ共通である．ターミナル記号には一桁が3,4はa接点と意味がもたせてある．ワイヤマークを無用にするヨーロッパの知恵である．EC共同体には十数国語の国が集っている．このユーザーが不自由しないように統一が考えられているのであって，各メーカーが勝手な製品をつくる時代は終りを告げたのである．図面はA3サイズ一枚で片付く回路図である．将来リレーを他社製に取り替えても取付，ターミナル配

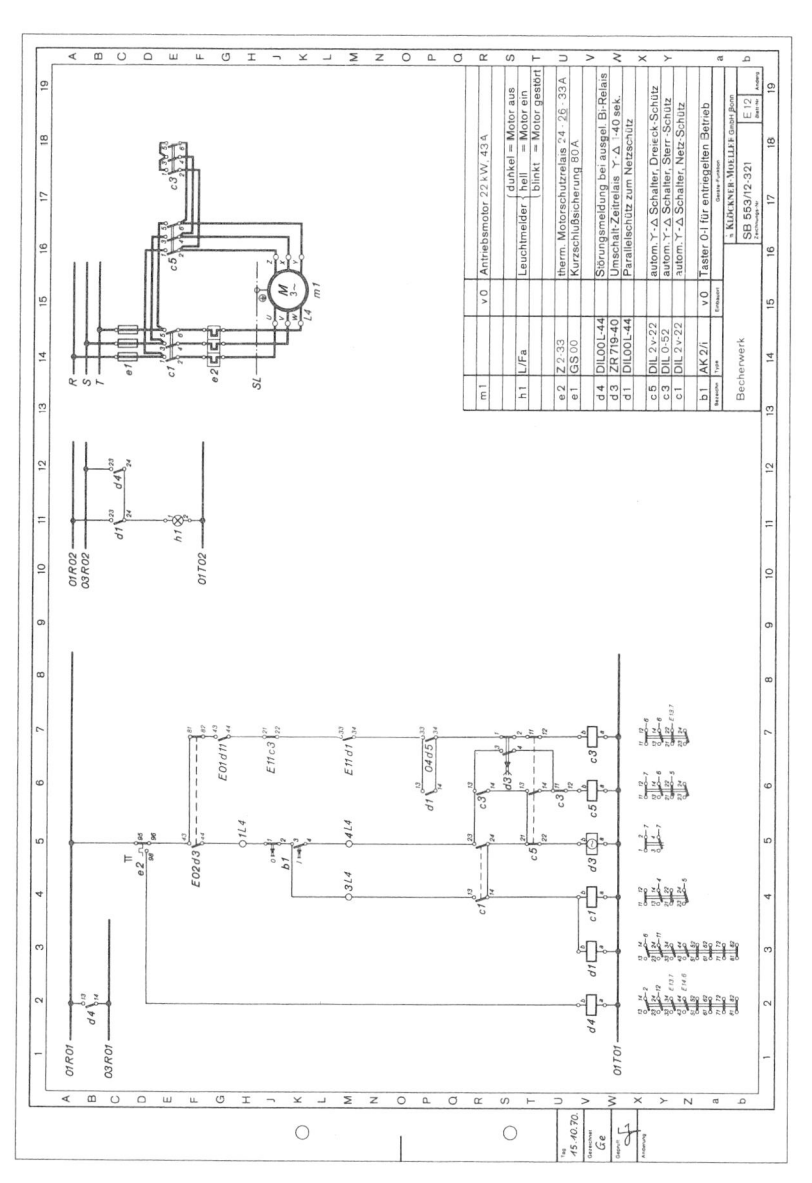

第18章 コントロールリレー 213

図 18.2 ワイヤマークを不用にした制御回路図面コイルの a 端子はアース回路へ直接接続

置，記号も同一である．しかもスナップマウントとあればプラグインと省力では変りはない．

18.4 補助リレー外形も取付もヨーロッパ基準

パネル内に沢山使用される補助リレー，タイマ等の制御機器の取付タップ位置をヨーロッパでは統一してしまった．各社でまちまちの取付位ユーザーが後日迷惑する問題はないのである．産業機械をヨーロッパに輸出される以上，5年，10年後に取替えを必要とした時，現地で自由に入手出来る部品が使用できないで機械が長時間停っては，信用はがた落ちになる．

■省力のための共通レールスナップマウント

マウントの省力第二弾はヨーロッパ規格のレールマウント採用である．タテのレールに補助リレー，タイマ，モータースターターからターミナルブロックに至る迄スナップマウントできる．従ってタップ作業はレール取付だけに限定され，配置さえ図面に指定すれば設計完了である．ユーザーは取替えにはヨーロッパ製品なら何れのメーカー品でも使用できる．追加変更は自由である．ユーザーは5年，10年後に保守費で困らないためには，レールマウントを要求すべきではなかろうか．少く共ヨーロッパへ輸出をお考えならヨーロッパのユーザーの喜ぶパネルシステムの採用が長い目で有利ではなかろうか．

■接触不良対策にタテ長取付がベスト

次に大切なのは補助リレーの接触不良対策，事故対策である．リレーはタテ長に取付けることを推奨したい．リレーは取付方向は全く制約がなく，しかも寿命，性能は保証される．例えば，コントロールデスクの傾斜した盤面の裏に倒立でつけていただいても差支ない．従来の取付をヨコ長取付と呼ばしていただければこれが最悪の取付である．第一の理由はゴミが自由に内部にはいり込む．作業中の電線切屑は勿論，皮ムキしたときの電線被覆が飛込んでは大変で

ある．更に開閉により自ら発生する摩耗による微粉が逃げてくれない．要するに後日接触不良で苦労されることになり，ユーザーがパネルメーカーに注意を促すべきポイントである．

18.5　産業機械に適合する無接点リレー

　産業機械用無接点方式は，有接点方式に較べてコンパクトなだけではだめである．産業機械用電機用品は，VDE 0113 によりコンパクトや経済性を理由に絶縁階級 C 級を無視することは許されない．又接触不良は解決ずみで何百万回に１回のミスを認めるかどうかによって，故障率の把握から合理的に設計でき，それに対する支障はない．また，コントロールリレーの寿命は 3000 万回が保証されている．

　包装機や自動組立機，射出成形機等で毎秒２回以上の信号を処理したり 3000 万回の寿命が不足する時に無接点リレーが役立つ．

　KM 社の開発した無接点リレーは，有接点リレーと全く同様に使用でき，接点も 4a4b と全く同じものが供給されている．ロジックの論理知識は全く不要で，有接点リレーと全く同様に回路設計をすればよく，リレーの自己保持回路と全く同じメモリー回路でよい．

　ロジック素子は入力が数回路，出力が１回路で，産業機械の制御には何れが有利かは明瞭である．更にフリップフロップメモリーは自己保持回路と思考方法が異なり，停電等に特別の配慮が入用である．

　産業機械用としての最大の注意事項はノイズ対策であるが，ETS 形無接点リレーはモーター回路と 250 m 制御配線が並行していてもシールド線が不用である．

　毎秒 75 回の開閉頻度，寿命１億回が有接点に優っている点である．

第 19 章

電子制御

19.1 信頼度と安全優先で考えるべき電子制御

　オートメーションで最も大切なのは制御回路の信頼度である．補助リレーに限った問題ではなく，信頼度を高めるポイントが分かっていれば，回路に4接点を含むことで，電源が85%に低下した瞬間でもミスとミスの間隔は4億回である．

　仮に400ケ接点が含まれるとして，100万回に1回しかミスは発生しない．接触不良を恐れて無接点化を採用したとすれば，他の思いがけないトラブルが発生しかねず，例えば瞬停とか，付近の短絡なども問題になる．

■10年の使用実績がないシーケンサ
　最近リレー数が多い時にはシーケンスコントローラーが有利だとの声を聞く．イニシャルコストだけの比較ですまされるだろうか．
　毎年モデルチェンジで新製品が現われては5年，10年使用できるだろうか．数年前の無接点リレーが現状はどうなっているだろうか．

第 19 章　電子制御　217

■電子制御にも C 級絶縁は必要

　特にリミットスイッチ，押釦スイッチ，タイマ等が，工場内の悪い環境で微少電圧で接触不良を起こしては困るのである．出力機器のコンタクターとの間にインタフェースが入用になり，C 級の絶縁階級の実績ある製品が揃ってないことにはトラブルで停止した時の損害も考慮に入れるべきである．信頼度が確認されないことにはヨーロッパ人は新しい製品にはすぐ飛びつかない性格である．

■10 年間のトータルコストで優劣を

　この問題はシーケンサだけでなくプログラマーとしても同様である．現在のヨーロッパの制御機器は全製品同一寸法で，しかも取付けはヨーロッパ規格のレールマウントにスナップオンである．配線変更の不自由なプラグインでなく，前面で必要とあればファストン端子で接続できる．シーケンスの変更も容易だし，機器は 10 年後に不用になれば自由に転用がきく．

■有接点は毎秒 2 回までは有利

　安全を主に考えなければならないのは産業機械である．唯コンパクトだけで無接点は許されない．有接点方式では接触不良等の欠点は既に解消している．情報処理速度が毎秒 2 回以上はできない限界があるし，この様な情報処理では 3000 万回の寿命も不足して来る．

　開発された SUCOS は，安全万能無接点方式の頭字を採用しただけあって，FAIL SAFE が主眼に置かれている．絶縁については，VDE 0113 の産業機械用電機品の規格で要求されている絶縁階級 C 級を全うしている．

　計数等の情報処理は 5 V の TTL を使用しているがモーター用コンタクター制御には特に断線，混線等でも全て安全サイドに動作できる 24 V のロジック素子を使用している．入力等はノイズレベルが極めて高くても安全な回路を開発してある．

　プリント基板等もヨーロッパ規格が制定されたので，10 年，15 年の長い年

月安心して使用でき，万一の時は補修品が自由に入手できる状況になったのでヨーロッパでは将来急速に発展できる下地ができたと申しあげたい．

第20章

押釦と表示灯

20.1　押釦スイッチ―カラーコード

　押釦スイッチについても VDE 0113 の規定があり，先ずカラーコードが決められている．尚，工作機械は日本も IEC 204 で同一カラーコードが規制されている以上，産業機械も統一が好ましい．事務機の押釦はファッション性が優先されているが，工場の機械は先ず安全上の統一が優先すべきものである．
　不注意に押されることのないよう，規格で注意が促されており，そのためにモーター起動用には突出した押釦は使用できない．又反対に不用意に押されても危険のないダブルハンド操作には黒の茸釦や黒の大形茸の使用が望ましい．押釦スイッチは水平面に取付けは不可で，ベンチボードでも 10°以上傾斜が要求される．要するに重量物に操作の身替りをさせないための配慮である．

20.2　二重絶縁―押釦スイッチ

　押釦スイッチは雰囲気の悪い所に取付けられるので，規格上は 250 V C 級絶縁でも差支ないが，配線の一部が運悪く外れてケースに触っていたり，金属製ケーブルグランドを使用してケーブルの絶縁が傷んでいても漏電遮断器は働か

ない．人が必ず触れる所での漏電を保護するのが先ず第一番であるべきではなかろうか．

湿った雰囲気で漏れた手で操作しても感電しない製品である．尚，入，切の押釦スイッチは色分けと同時に｜印，○印のシンボルが要求されている．

20.3 表 示 灯

ドイツでは，表示灯は産業機械用としてドイツ国家規格であるVDE 0110のC級絶縁が要求されている．充電された状態でランプ取替えが多いため，この際感電しない配慮が必要で，更に産業機械では振動で緩む危険が多いため，エジソンベースは使用できなくなった．

■カラーコード

シグナルランプや照光押釦のカラーコードも統一され，従来は回路状況を表示して来たが，今后は機械の状況を示すことになった．交通信号と同様，赤は危険信号である．従来の赤は通電中の表示であった筈である．黄は注意信号，緑はOK信号である．

通電中は白又はクリヤであり，非常停止の赤茸釦に照光式を採用することは禁止されている．照光押釦で一つの釦が二色に変わる形式も産業機械では使用できない．

第21章
リミットスイッチ

21.1 安全目的のリミットスイッチ

　産業機械用リミットスイッチで特に安全上の目的に使用されるものは，接点が強制的に切れる構造と，接点が溶着していても切れるまでオーバートラベルさせるドッグの設計が要求される．従ってマイクロスイッチはこの目的には使用できない．又，内部のスプリングが破損しても危険を防止できる様な動作が要求されている．

■DIN規格リミットスイッチ
　トランスファーマシンのリミットスイッチについては，IEC 204及びVDE 0113でスナップ接点が推奨されている．
　リミットスイッチはガラスファイバーで強化したプラスチックの二重絶縁構造で，湿った箇所でも安全である．特にローラーレバーが両効き，片効きに自由に変更できる特長があり，設計上制御回路が極めて簡潔になる．ある方向に運動した時だけ接点が切換るので，例えば，ワンショットリレーは，パルスとして自己保持回路で記憶させることができる．従来はリミットスイッチ自体のアクチュエーターを複雑な保持形にしていたが，標準のリミットスイッチで解

決できる．

21.2　わが国の絶縁距離

わが国で決められたマイクロスイッチ及びこれを封入したリミットスイッチの規格では，絶縁距離が定格電圧 250 V 以下では 1.5 mm あればよい．耐圧試験は，1500 V 1 分間のテストに新品が合格すればよいので，現在の絶縁材料はこの目的には申分ない．しかし，実用してゴミが付着した時にはどうなるのか．この時に耐圧がもたないことが考えられる．

■JIS 規格の粉塵テスト

　ドイツの産業機械の電気装置規格である VDE 0113 では，絶縁距離の規格である VDE 0110 の C 級絶縁を義務づけ，且 IP 54 の保護構造をも要求している．
　ゴミ，油，切削屑に埋もれて尚且安全でなければならないのである．
　わが国で決められた防塵構造のテストは，タルクの浮遊した空間に 8 時間放置するだけでよい．

■電気的寿命

　リミットスイッチで大切なのは，接点の電気的寿命である．市場品が仮に定格電流 10 A（力率＝1）で寿命が明示されても，実際にはリレーやコンタクターが負荷の筈である．この時の寿命を推定することは不可能なのである．0.1 A の遮断電流（力率＝0.4）で 3000 万回の寿命を持つ製品が要求された．

■接点信頼度 KM 社の開発したパラレル接点

　リミットスイッチの接点の信頼度は，補助リレーの節で触れた接触信頼度の予測に含まれている．シーケンサ，及びプログラマ等で微少電流をリミットスイッチで開閉させるようになったが，新たな接触不良のトラブルでユーザーは泣かされている．この目的に単なるツイン接点のリミットスイッチでは解決は

難しい．開発されたパラレル接点は，全く独立した2組の接点を更に中間点をフレキシブルに接続した形式で，接触抵抗が1Ωになる機会は図21.1の如く1000分の1に減る．

21.3 リミットスイッチの反復精度

リミットスイッチの反復精度は±0.01 mmと極めて高い．スナップ接点のマイクロスイッチでないと遮断速度が遅くて接点の寿命が短かくなるのではないかと過去には誤解されたものであるが，1A以下のリレー電流を切る場合と10A以上の電流を切るのでは接点の消耗は全く異なるのである．国内のマイクロスイッチメーカーまでが2点遮断を開発している．

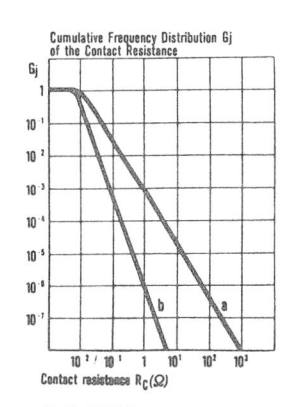

a 一般純銀接点
b ダブルパラレル接点

aカーブでは1Ω以上の抵抗は1000回に1回，bカーブでは10^6に1回観測される．10Ωになれば直列のリレーは動作しないことが多発する

図21.1 接触抵抗累積頻度曲線

問題はこの反復精度で極めて高精度であるが，これでコンタクター等を操作しモーターを起動や停止させれば，この時のコンタクター等の遅れはコイル電流の位相等で左右され，更に機械の慣性も影響する．この影響で仮りにリミットスイッチで機械を停止させても，その都度停止位置が狂うことになり，リミットスイッチの反復精度と混同されては困る．

この作動位置は長期的にはプランジャーや接点の磨耗によって漸次狂うが，短期の反復精度は高い．

■オーバートラベル

マイクロスイッチでの問題的の一つはオーバートラベルと寿命の関係で，オーバートラベルが増せば急激に寿命が短かくなる．ドイツで要求されるリミットスイッチは，プランジャー形式で6 mm，ローラーレバーでは50度のオー

バートラベルも寿命に影響を与えない．

第22章

近接スイッチ

22.1　近接スイッチ—防爆が本来の目的

　爆発性の雰囲気や腐蝕性のガス等の多い化学工場では，有接点方式が不向きの箇所が多い．又，各種のバルブ等の開閉の位置検出等には機械的なローラーレバー等は取付けが不便なことが多い．この目的に近接スイッチが開発されドイツでは規格化されている．

　内部に発振回路を有し常時発振していて金属が近づけば発振が停止する形式である．防爆等ではDC 24 Vで働かせるのが標準である．DC 24 V用は検出部は発振回路のみでリレー部分は別にパネル内に取りつける．

■リミットスイッチと共通規格品誕生

　最近，このDC 24 Vと異って交流電源で使用できる製品で，交流電源は例えば90～250 Vと広範囲に変ってもよく，機械式のリミットスイッチと全く同じ回路でリード線が2本しかない製品が開発された．制御回路が交流100 Vであれば負荷のリレーコイルは100 Vの製品を使用し，近接スイッチの一線を直接リレーコイルの一端に接続する．近接スイッチの他端とコイルの他端を電源に接続すればよい．金属が近づく迄は近接スイッチにリレーを経て高い電圧

が加わり，ツェーナーダイオードで一定電圧に下げて，発振回路に低い電圧が作用する．金属が近づくと発振が停止し，内部抵抗が低下してリレーコイルに動作電流を送ることになる．交流電圧がいくら変動してもよく，リード線に極性もなくて便利である．近接距離が 2 mm から 10 mm 乃至 50 mm までの製品があり動作点のバラツキもマイクロスイッチより少ない．

　完全に密閉された防水構造で，ヨーロッパ標準のリミットスイッチ寸法に合致した製品は内部に端子部があり，従来のリミットと全く同様に使用できるので便利である．検出方向も 5 方向選定できる．発振部を内部でシールドした製品は金属に埋込み突出させないで使用できる．

第23章

マスターコントローラー

23.1 マスコンの専業メーカーG社

　ヨーロッパには長い歴史を誇る制御機器の専業メーカーが多い．ドイツ人に，何でもやれるといったある会社を紹介したところ，軽蔑の眼で見られたことがある．専業で寧ろマーケットを世界に求めた方が一つの活き方とも云える．ここにあげるG社もその一つで，クレーン用のマスコンとドラム形のコントローラーだけを製作しているトップの会社である．

　クレーン用機器は特に安全の面から信頼性が要求される．マスコンではハンドル操作がプラス，マイナス，H等があり，衝撃でハンドルがどちらかに倒れてクレーンが動いては困る危険がある場合には，中立ロック形式が賞賛を受け用いられてきた．これは，一度ハンドルを引上げてからでないと，何れの方向にも動かせないものである．居眠り防止には，ハンドルのにぎりに押釦がついた形式で絶えず押釦を押してないと制御回路が切れて運転が停止する形式が適している．ハンドル操作中に危険のアラームを鳴らすためには，レバー押下げて補助接点を閉にする方式が考えられている．

　最近は速度制御に二次抵抗の短絡にコンタクターを使用することが増したのでマスコンも小形化されたが，大容量のクレーンではコンタクターも大容量で

従って投入電力が 4000 VA に達するものがある．従って接点も充分投入遮断電流が大きく，且頻繁に開閉できなければならない．

　減速のブレーキ制御にスラスターが使用され，この制御にサイリスタ等が使用される時にはマスコンにポテンショを組込んだ製品が開発されており，ペンダントで押し加減で速度，ブレーキ制御をヨーロッパでは行なっている．

第24章

制御函

24.1 制御函の保護構造 IP 54 以上

　ドイツの産業機械では電機品を納める制御函は勿論，機械に直接埋込む場合も保護構造が IP 54 が義務づけられている．所謂防塵，防滴構造が要求される．電機品は温度変化で呼吸するので函内は機械を停止した時に気圧が下がり，ゴミを吸込み易い．又電線管で配線した場合は電線管を通じて，開放された他端の湿った空気を吸込んで内部に水が溜る危険がある．

■最も安全な二重絶縁構造

　押釦スイッチ，リミッチスイッチ等も二重絶縁で，しかも IP 55 以上の性能，すなわちホースプルーフである．ケーブルグランド等電線の引込み箇所のパーツに特に留意し絶縁物製を供給している．

　二重絶縁の函に納めれば漏電の発生は防止でき，勿論感電は湿った空気中で漏れた手で触れても発生しない．

　ドイツの VDE 0113 では函の扉は特別に工具を使用しないことには簡単に開けられない構造が要求されている．保守を全く必要としないパーツが揃わないことには，日本では不自由で苦情がでるのではなかろうか．ヒューズが飛ぶ

たびに開ける必要が生じても厄介だ．

■安全優先の二重絶縁防蝕構造

　化学工場，セメント工場，コークス炉等では，産業機械の設置される工場以上に雰囲気が悪いので，防塵防水の外に防蝕も重要で，プラスチックケースは有利だし，ヒューズレスの制御や積木式の函の組合せで如何に大きなパネルも出来上る有利性を備えている．

24.2　制御函は保護構造 IP 54

　産業機械用電機品を納める函や機械の一部に納める時のカバーは VDE 0113 で，IP 54 の保護構造が要求されている．

　わが国でも保護構造の規定はあるが，日本も参加している IEC 規格の取込みが未だのようであることから，外国品との比較検討が困難である．防水構造については検査方法が決められているが，日本製品が国際商品として性能を仕様書に明記するには IEC のテスト規準によることが好ましい．IEC 144 ではこの保護構造を IP 55，IP 00 と全て記号化されている．

　IEC の防塵テストはタルクを浮遊させた空気を循環させ，試験品は 200 mm 水柱の真空に保つのである．そして 1 時間後に IP 55 以上はタルクが内部に認められたら不合格である．リミットスイッチ等，電気品は全て通電中発熱するので，間欠使用をすれば呼吸は避けられない．この呼吸を無視したテストは非常識と申しあげる所以である．

　市場のパネルは防塵には値しないので電気品への影響は大きく，セメント，飼料等，粉塵の多い工場では高い製品を購入する必要があるかもしれない．

■函にはフィルター付呼吸口が入用

　パネルの内部と外部には温度変化にもとづく呼吸口が必要である．外部のゴミと湿気をフィルターでこして内外部を非常に低い抵抗で空気を流通させるフ

第24章　制御函　231

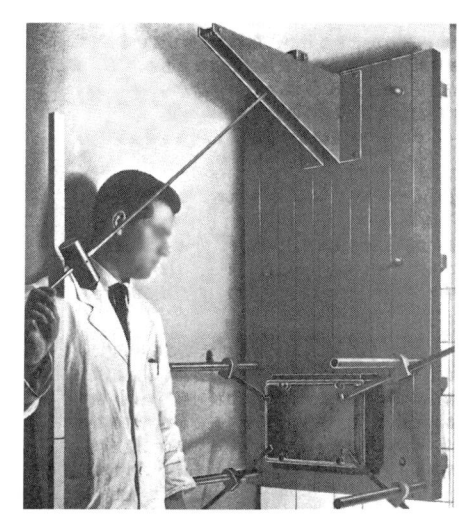

図 24.1　ハンマープルーフテスト

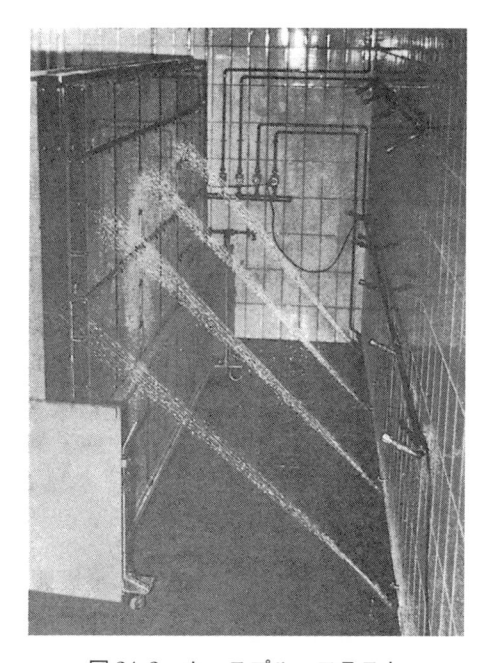

図 24.2　ホースプルーフテスト

ィルターグランドを使用し，ケースの内容積に応じて取付数を加減する．

■ハンマープルーフ

　先ず強度については表面の透明カバーはポリカーボネート製である．ドイツB社で開発されたポリカーボネートは現在では国内でも各方面に使用されるようになったが，この製品を十数年に亘り使用した経験は他の追随を許さない．図24.1の如くハンマーテストでびくともしない製品で，十年前に東京国際見本市会場でも2000回以上ハンマーでたたいて初めて疲労で壊れた経験がある．3mmの鉄板カバーでは1回のハンマーテストで防塵性能でもだめになることを考えれば，パネルの強度を必要とする限り，比肩するものはない．

　分電盤等にはこのユニットを組合せ上下，左右にボルト締めして，盤全体の強度が益々高められる．自立盤なら下部を基礎ボルトで取付けるだけで充分である．蜂の巣構造と同じ原理である．これに反し市場のモーターコントロールセンターは扉が分離されただけで，強度的にはモジュール化して弱くなっている．

■ホースプルーフ

　防水構造の鉄函は複雑で高価であり，大形は益々困難である．図24.2は，ホースプルーフテストである．このテストにパスしないことには坑内や屋外で雨のかかる所では使用できない．個々のユニットを防水構造にしてお互いをパッキングを介在させて締付けるだけで片付く．

■フレームプルーフ

　火災に対しては多くのプラスチックは好ましくないがポリカーボネートは消炎性でトーチランプで15秒宛5回のフレームに耐えられる．

第 25 章
安全輸出

25.1 アメリカ，カナダ向け輸出

　アメリカ輸出には UL 規格，カナダ輸出には CSA 規格品を使用する必要がある．UL 規格はアメリカ保険協会が安全が目的で機器に対し決められたものである．この外に労働安全の立場から決められた OSHA の規格も考慮しなければならない．

　工作機械の電装品の国際電気規格 IEC 204 はアメリカも参加して決められアメリカでは JIC 規格となっている．この外に電機メーカーが集って決めた NEMA の規格も考慮する必要がある．

25.2 ヨーロッパ輸出と国際電気規格

　産業機械をヨーロッパに輸出されるなら，電装品に関しては最も安全重視のドイツ VDE 0113 を考慮して欲しい．ドイツではアーク溶接機や電動工具は個々の規格に電装品の規定も含まれている．しかし産業機械の 95% の電装品は VDE 0113 の適用を受ける．

　この外に電気品としては，VDE 0100（定格電圧 1000 V 以下の配電盤製作）

VDE 0110(絶縁間隙及び沿面距離)，0660(低圧制御機器)で絶縁距離，絶縁階級と個々の部品の性能の規定がある．

　VDE 0113 は日本，アメリカ等の主要国が参加して審議した国際電気規格 IEC 204 をドイツ国内規定にしたものである．今更日本は関係ないとは云えない規格である．

　IEC 204 の冒頭に人身の安全，機械の損傷防止，加工物の不良発生の防止を目的として制定したと目的が書いてある．

　電装品の寿命が長いとか，短いと云った問題を取扱ったのではないから違反して事故を発生すれば賠償問題になり兼ねない．

　更にヨーロッパは EEC として部品の互換性を重視してヨーロッパ規格すなわち EN 規格が順次制定されつつある．

　ヨーロッパは国によって言語が全く異なる国であり，更にドイツ等の作業者には外国人が多いから取扱説明書を参考にしないでも安全処置がフールプルーフでなければならない．

25.3　制御函の安全(1)

　制御函は防塵防沫構造でなければいけない．国際電気規格 IEC 144 の規定で IP 54 以上の保護構造が必要である．国際電気規格では防塵，防沫のテスト方法が決められている．

　日本で防塵と称する製品は，この国際規格に合格するか否かは疑問である．シーケンスデザインの指導書でコンタクターや配線遮断器のゴミを定期的に掃除することを求めている．少く共このような定期点検を輸出品に要求しなければならない製品(製品によってはゴミを発生するものがある)や函は不適格である．

　VDE 0113 には函と機器の取付については詳細な記述があるのでデザイナーは一読されたい．機械に制御盤や押ボタンケースを取付けも防じんでなければならないので取付孔にゴミのはいり込むすきままであってはいけないよう細か

く規定されている．

　自立盤で底面が解放になっているのはもちろん不可である．電線が貫通する部分の設計も大切でケーブルグランドを使用するか，電線管を使用してゴミがは入らない対策が必要である．ターミナルブロックの取付位置等も規制されている．

25.4　制御函の安全(2)

　制御函で最も大切なことは感電防止である．このために日本のように誰でも簡単にあけられるドアーやカバーは使用できない．工具やキー（昔の柱時計のゼンマイ用類似品）を使用することになっている．しめ付けのボルトやネジは脱落してはいけない．

　電源を切らないとあけられないカバーインタロックが必要条件である．ドイツではメーンスイッチの外部操作スイッチがOFFで南京錠が3ケかけられることとなっている．

　機械を点検したり塗装する人，モーターを保守する人が各個人の鍵をかけることによって安全を計っている．カバーをあけた時に充電しているメーンスイッチの入力側端子や電源のターミナルブロックには絶縁カバーが必要である．

　電気の責任者が動作点検のためには，特にメーンスイッチをONの状況でもカバーインタロックの外せる構造は便利である．

　カバーやドアーには押ボタン，シグナルランプ，計器類に限って取付けてよい．メーンスイッチとしてのカムスイッチ，ブレーカを始め押ボタン，シグナルランプを分離構造にしてカバー等に配線しないことは好都合である．これらカバー等に取付ける機器類は保護構造がIP 54以上でなければいけない．

25.5　制御函の安全(3)

　食品機械等は，制御函に水がかかるおそれがあればホースプルーフすなわち

IP 55以上の保護構造が必要になる．この要求を充たしてくれるのは，プラスチックケースである．

カバーはポリカーボネイトでハンマーの衝撃にもびくともしない．透明だから動作状況が目で確認出来るので安全性が高い．ベースもガラスファイバで強化されたポリエステルである．

カバーは透明だからシグナルランプやメータ類は内部でよく，ドイツで要求しているメーンスイッチの断路状況はカバーの外から監視出来る．ホースプルーフだから常時水がかかったまま運転しても感電しない二重絶縁である．

ユニットで各種のサイズがある上に積木構造で積重ねても IP 55 の保護構造が充たされる．逆にプラスチックのユニットだから金属ケースでは簡単に達成出来ない防塵，防沫構造が容易だと云える．

ヨーロッパでは感電対策を特に重視するので二重絶縁が最高の安全性能である．

このプラスチックケースは，もちろん耐食性で，アメリカ，カナダでは電線が貫通する部分を接地出来る様にして賞賛され用いられている．

25.6　メーンスイッチ

産業機械では，全電源を遮断するメーンスイッチが必要である．メーンスイッチは，安全のため接点が離れていることが目で確認できるか，三極が強制的に切れて，しかも接点間に規定の空間距離が出来て始めて OFF の表示が出ることが必要である．

メーンスイッチは，OFF で南京錠がかけられること，更にドイツでは三人の個人錠と決っている．ハンドル操作も必要条件で制御函のカバーインタロックを兼ねることが多い．

短絡保護が必要だからブレーカにすれば有利である．ヒューズ付スイッチは過去のやり方になりつつある．

メーンスイッチに非常停止の任務も兼ねさせてよいが，この時は常時負荷と

最大モータの拘束電流を加えた遮断容量が要求される．

　ブレーカをメーンスイッチに使用した時はリモート操作も認められるが，ハンドルと錠前がかけられる構造が必要である．

　メーンスイッチは ON, OFF の二ポジションでなければいけない．従って可逆用やスターデルタ切換用スイッチと兼用させることは間違いを起こすことがあるので許されていない．

25.7　非常停止

　人身や機械，加工物に異常が発生したら，手の届く所のスイッチを第三者が間違いなく切ることが出来なければいけない．

　非常停止ボタンはきのこ形で色は赤と限定されている．国際電気規格ではこのボタンを対抗色黄色を使用して見分け易くすることが要求されている．ドイツでは黄色の円板と形状まで規制されているので一層分かり易い．盤から離れた所にきのこボタンを置く時は誤って起動しない様に，ロック式にする必要がある．日本人のように教育の行届いた国民ばかりではないので安全には十二分のフールプルーフが要求されている．

　非常停止ボタンや非常停止のリミットスイッチは接点が溶着していたり，バネが折損していて働かなかったら困る．この点も明文化されているのでマイクロスイッチ形式は使用できない．更にトランスファマシン等ではこのリミットはスナップ式と決められている．

　メーンスイッチを非常停止の用途に使用してもよい．この時はハンドルは赤色とし，黄色のバックプレートをつける．機械の異常にはモーターの拘束状態が発生し，しかもスイッチが遮断出来ないことも考えられるので，この時に拘束電流を含めた全電流が遮断出来る容量が必要である．カムスイッチを非常停止に使用した時に留意すべきである．

25.8 停電保護

　機械が運転中に停電したら，再び起動ボタンを押さない限り自動的に再起動してはいけない．コンタクターで自己保持回路を使用すれば片付く問題である．

　日本では，卓上グラインダやボール盤等にタンブラースイッチだけを設けているが，ヨーロッパ輸出には不向きである．さりとて電磁開閉器を採用すれば押ボタンまで入用でスペース的にも問題がある．

　ヨーロッパでは，50年前(1932年)に開発されたモータースタータがあり，これはモーターの過負荷保護と短絡保護を兼ねた押ボタンスイッチである．また，これに無電圧トリップをつけるだけで停電保護になり，極めて経済的である．

　大容量ならブレーカに同じく無電圧トリップを設けてもよい．

　制御回路は何れの部分で断線しても機械が停止するよう，シーケンスデザインをすべきである．逆にリレー等のマイルが無励磁になった時に起動する回路があってはならない．

　瞬停時に遅延保持等を行う時は，非常停止の動作を妨害してはならない．

25.9 制御回路の安全対策(1)

　電磁弁，コンタクター，モータータイマ，電磁クラッチ等ソレノイドが5ケ以上含まれる回路は複雑なシーケンスと考えて，IEC 204では制御トランスを採用し動力回路と絶縁することになっている．

　この時の二次側電圧は，ドイツでは220 V 50 HZが推奨されている．220 Vは，ヨーロッパでは家庭の標準であり，220 V機器の入手が最も容易である．

　日本では，ある種の文献で100 Vを推奨しているが，ヨーロッパ輸出なら制御機器の接触信頼度は220 Vにするだけで十数倍高くなる．又，接点電流が半減するので寿命は2倍以上になり，それだけ故障が減少する．大容量のコンタ

クターでは投入時のラッシュ電力が数 KVA に達する．この時の突入電流による電圧降下を考えると，制御回路の電線太さは 100 V と 220 V では著しい差を生じる．

制御トランスは，絶縁トランスである以上，二次側の中間タップをアースすることは好ましくない．日本では二次側を 100 V にして中間タップをアースするならば安全だから漏電遮断器が不要だとの文献がある．IEC 204 で中間タップをアースした時だけが漏電遮断器が必要となっている．それ以外の時は無用と全く反対である．

25.10　制御回路の安全対策 (2)

制御トランスの最小容量は 100 VA と決められている．電圧は定格値の上下 5% まで許されているので一次側にプラス，マイナス 5% 相当のタップを設けることが好ましい．

二次側は，一線をアースした時と全く非接地の何れでも使用出来る配慮が要求されている．従来は，二次側の短絡の保護だけでよかったので，トランスの短絡電流を考慮に入れて非接地側だけにヒューズを入れればよかった．これ以上にヒューズを，例えば一次側まで入れるのはおかしい．参考までに日本のプラグヒューズはドイツと異なるので使用出来ない．

最近はヒューズよりもブレーカの時代である．KM 社で開発したモータースタータはトランスの過負荷と短絡保護が同時に出来るので，トランスの一次側二線に入れる．

電磁弁のソレノイドが焼損して故障電流が流れても，必ずしも短絡電流が流れるとは限らない．この時はトランスの焼損にまで発展し兼ねない．トランスの焼損を輸出先で起こしたら機械は何日停止するか分からないので，確実な保護が信用につながると申しあげたい．

25.11　制御回路の安全対策(3)

　制御回路の最も安全なデザインは非接地方式である．充電中に直接手を触れても感電しない．又，一ケ所アースしても機械は運転を続けて何の支障もない．

　非接地方式ではS社等からアース警報リレーが供給されている．対地絶縁抵抗が一定値以下になったら警報することが規定されている．

　制御回路を接地するしないにかかわらず，接地側に直接コイル端子を接続することが義務づけられている．

　コイル端子はヨーロッパ規格でA1，A2の記号に統一されている．(EN 50005) A2端子を迷わずにアース側に接続すればよい．ワイヤマークがなくても間違いは起こらないし，チェックも簡単になる．

　制御回路は何れの箇所で断線しても機械が勝手に動き出してはいけない．又，同じく何れの箇所がアースしても機械の停止を妨げてはならない．当然シーケンスデザインの初歩として考慮すべきである．

　回路に電子部品を採用した場合も安全に対する配慮は同一で，これは国際電気規格 IEC 204-3 に制定されている．

25.12　コイル温度上昇

　コンタクターコイルの温度上昇は，日本ではコンタクター定格電流を通電して抵抗法で測定する．これに対しドイツでは，連続使用電流を通電しながら局部的の最高温度を熱電対法で測定する．連続使用電流はメーカーカタログでも明らかなように定格使用電流よりかなり高い．

　わが国ではE種絶縁の時は温度上昇は100度，周囲温度は40度となっている．したがって，平均温度が140度に達する．この絶縁材料の許容温度は120度で国際的に共通である．

　ドイツの国家規格VDEでは，上記電流でしかも局部最高温度は125度を超

えてはいけないことになっている．従って日本のコンタクターを使用した機械は相当低いモーター定格で使用しないと，ドイツに輸出して何年後かにクレームが生じた時に紛争が起こらないとも限らない．

更にトランスファマシン等では，コイル電圧が110％で連続使用しても支障ないことの条項がある．

絶縁材料は年々著しい進歩をしている．ヨーロッパではモーターもE種絶縁より一ランク上のB種絶縁の時代である．

25.13 サーマル最小動作電流─下限

わが国ではサーマルリレーの最小動作電流は100～125％と決められている．サーマルはヨーロッパではモーターの定格電流に設定するのが基本で室温等の条件で修正する．

この下限が100％であればモーターは，定格電圧でわずかでも負荷が定格を超せばモータは停止する事故が起き兼ねない．負荷が定格でも電圧が5％下れば負荷電流は5％増してモーターは停る．これではモーターを安心して定格で使用出来ないことになる．

サーマルリレーに関しては，これも日本も参加審議して決めたIEC 292の国際規格がある．これでは最小動作電流は105～120％と決められている．モーター定格電流に設定しても電圧が5％下るまでは動作しない．これならば合理的な決め方ではないだろうか．

モーター保護は電磁開閉器だけでなく日本ではモーターブレーカも使用されている．これも下限は100％である．ただ定格電流がモーターブレーカの定格と偶然一致した時しか使用出来ない．ヨーロッパのモータースタータは電流値をモーター定格に自由に合せられ，特性は下限が105％になっている．

25.14 サーマル最小動作電流——上限

モーターは，定格を超えて長時間連続使用の限度を規制するのが最小動作電流の上限である．わが国では125%負荷を2時間以内に遮断することと決められている．

日本のモーターは，未だにE種絶縁が主流である．参考までにドイツではE種より一ランク上のB種が主だから日本より一段と小形で省資源になっている．E種モーターは全負荷で温度上昇(抵抗法)75度以上と規定されている．従って125%負荷では温度上昇は電流の自乗に比例するとすれば，117度の温度上昇になる．室温40度を加えれば157度に達し，局部的には更に高温になる．

E種絶縁の最高許容温度は120度とJISで決められ，この値は世界共通である．絶縁材料は幸か不幸か許容温度をこの程度超過しても一瞬絶縁破壊しない．一般に約8度余分に温度超過すれば寿命が半減すると云われている．

最小動作電流の上限値はIECでは120%と決められている．しかもドイツでは温度測定は熱電対法のため，最高局部温度は148度である．従ってモーター寿命は約3倍長くなる．

25.15 短時間定格と拘束保護

モーターは工作機械等では同一負荷が連続するよりも間欠負荷になることが多い．この負荷条件でモーターを過負荷から保護する必要がある．例えば，連続定格3.7KWのモーターはED 40%なら5.5KWの負荷がかけられる．ED 40%とは4分運転して6分休止する間欠運転である．上記の間欠負荷は150%に相当する．

従って150%過負荷は4分以内での使用とし，休止すればよい．VDE 0660ではサーマルリレーは150%過負荷は2分以内に動作することと決められてい

る．これならモーター保護の目的が達せられる．

　しかし，わが国では，200％過負荷は4分以内に遮断することと決められているから，4分を基準に考えれば過負荷は150％の代りに200％と，余分の負荷を許すことになる．保護の考え方に差異があることを留意しなければならない．

　モーターの拘束状態は，精々15秒が限度である．これに対し，わが国では600％で2〜30秒で動作すればよいとしている．ドイツのVDE規格とは全く異っていることを理解しておく．

25.16　モーター回路の保護

　モーター回路の過負荷，短絡保護の文句にはモーター，電線，電磁開閉器の保護が含まれる．

　IEC 204では，1KW以上のモーターには過負荷保護が必要であるが，これ以下のモーターも経済的理由がなければ全て過負荷保護を取付けることが望まれている．産業機械である以上内部の小容量のモーターも焼損すれば機械は使用できない．

　日本の電気設備基準では単相モーターの過負荷保護は不用である．しかし国際規格では単相も直流も含まれる．単相等にはサーマルリレーの三線共に通電するよう，接続しないと特性が異なるから注意して欲しい．

　二素子サーマルリレーはヨーロッパでは認められていない．以前のコンタクターやサーマルリレーは，モーター定格の8倍以上の故障電流に対して保護は出来なかった．1927年から50年間の経験をもつモータースタータは，モーターの過負荷の外に短絡保護とコンタクタ保護ができるのでモーター回路保護は一台で足りる．

　モーター回路の保護にブレーカを採用すれば欠相は起こり得ないので，欠相付サーマルリレーは無用である．日本のモーターブレーカは，輸出を目的とする場合，国際電気規格 IEC 292 に適合する必要がある．

25.17 プログラマブル コントローラ

　今やプロコンの花盛りである．産業機械用電子機器は感電こそしないが機械の損傷防止，加工品の不良防止には他の電装品と同様のC級絶縁が必要である．国際電気規格はIEC 204-3に規定がある．

　プログラマブル コントローラもこの規格の制約を受ける．この製品は日進月歩である．従って今年の新製品も来年には改良され，姿を消すかも知れない．輸出に採用するには数年後のメンテナンスのあり方が先決問題である．

　ドイツの産業機械用電子制御は，既に15年(1962年)の実績をもっている．例えば，動力配線と同じ電線管に電子機器の入力配線を収めて250 mの距離があってもノイズの影響は受けない対策がなされている．

　プログラマブル コントローラも既に5年(1972年)の歴史がある．このように安定した製品でないと輸出には使用出来ないのではなかろうか．

25.18 補助リレー

　補助リレーにはコンタクタータイプとヒンジタイプがある．コンタクターやコンタクタータイプの補助リレー，電磁弁を駆動するにはわが国でもコンタクタータイプと決められている．

　これらのソレノイドは約10倍のラッシュ電流が流れるから，AC11の負荷条件のテストに合格する必要がある．

　制御回路に含まれる押ボタンやリミットスイッチもソレノイドを駆動する以上AC11でなければならない．タイマの出力接点が同じくAC11の性能を持合せてなければコンタクターの直接操作は無理である．国内のコンタクターには投入電流が著しく大きいものがある．常に投入電流を考慮に入れて設計すべきである．

　補助リレーもC級絶縁が必要である．わが国の標準は，安全を考慮して隣

同士の接点には異電圧を接続してはいけないとある．しかし，その製品はC級の絶縁にパスするだろうか．

プレスの安全のためには，接点が衝撃で誤作動しない構造をドイツでは要求され，この新製品がこの仕様にパスしたただ一つの製品である．

25.19　補助リレー——ヨーロッパ規格

産業機械に最も多く使用されるコンタクター形リレーは，同時にメンテナンスや改造でヨーロッパ輸出後に問題の発生する製品であるから特に選定に注意をして欲しい．

取付方法のヨーロッパ標準はレールにスナップマウントである．レールはヨーロッパ規格 EN 50022 の 35 mm に統一された．全くネジを使用しないので現場での作業は至って便利である．

単品使用の時に限ってネジ取付になるが，この際の孔ピッチもヨーロッパ規格 EN 50001 で標準化された．

機器の端子は，全て不滅のマーキングが必要なことは IEC 204 に決められている．補助リレーの端子記号はシーケンス図に明示しなければならない．逆に日本の標準であるが，ユーザにとって迷惑至極なワイヤマークを図面に入れる必要はない．

端子記号は EN 50011 を参照して欲しい．更に補助リレーが例えば二階建の配列なら一階，二階の夫々のa接点，b接点の配列順序まで統一されている．

このように統一されると同一図面で何れのメーカ品を使用しても組立図も配線図も共通である．使用中の補助リレーを取換える時も配線順序を元通りにするだけで図面は見る必要がない．

■附属書　機械の電気装置 E/E/PE に関連する規格群

機械の電気装置 E/E/PE に関連する国際規格を**表 A** に示す．これは，設計実務上において必要となる国際規格と日本の国家規格 JIS を比較したものである．

この比較表を確認するうえで，ISO/IEC ガイド 21 (ISO/IEC GUIDE 21 : 1999 Adoption of International Standards as regional or national standards 国際規格の地域又は国家規格への採用) の要求にて地域規格 (欧州連合 (EU) の EN) 及び EU 以外の各国の国家規格は，「一致 (IDT; Identical)」，「修正 (MOD; Modified)」及び「同等でない (NEQ; Not Equivalent)」の 3 種類の区分により「対応の程度」が分類されていることを確認する必要がある．

表 A の JIS に示す (IDT)，(MOD)，及び (NEQ) をご確認いただきたい．(IDT) 及び (MOD) は，国際規格 ISO/IEC を採用しているが，(NEQ) は国際規格の一部を採用しているのみと判断する必要がある．なお，表 A に規格 No. が記載されていないものは，対応する国家規格がまだ発行されていない．

表 A　E/E/PE に関連する国際規格と日本国家規格 JIS の比較表

IEC/ISO	JIS
IEC 60034-1, Rotating electrical machines-Part 1 : Rating and performance	JIS C 4034-1　回転電気機械―第 1 部：定格及び特性 (NEQ)
	JIS C 4203 : 2001　一般用単相誘導電動機 (MOD)
	JIS C 4210 : 2001　一般用低圧三相かご形誘導電動機 (MOD)
IEC 60034-5, Rotating electrical machines-Part 5 : Degrees of protection provided by the integral design of rotating electrical machines (IP code) - Classification	JIS C 4034-5　回転電気機械―第 5 部：外被構造による保護方式の分類 (IDT)

■附属書　機械の電気装置 E/E/PE に関連する規格群

IEC/ISO	JIS
IEC 60034-11, Rotating electrical machines-Part 11 : Thermal protection	回転電気機械　第11部：熱保護
IEC 60072-1, Dimensions and output series for rotating electrical machines-Part 1 : Frame numbers 56 to 400 and flange numbers 55 to 1080	JIS C 4203：2001　一般用単相誘導電動機（MOD）
	JIS C 4210：2001　一般用低圧三相かご形誘導電動機（MOD）
	JIS C 4212：2000　高効率低圧三相かご形誘導電動機（MOD）
IEC 60072-2, Dimensions and output series for rotating electrical machines-Part 2 : Frame numbers 355 to 1000 and flange numbers 1180 to 2360	回転電気機械の寸法及び出力シリーズ―第2部：フレーム番号355～1000及びフランジ番号1180～2360
IEC 60073：2002, Basic and safety principles for man-machine interface, marking and identification-Coding principles for indicators and actuators	JIS C 0448　表示装置（表示部）及び操作機器（操作部）のための色及び補助手段に関する規準（IDT）
IEC 60309-1：1999, Plugs, socket-outlets, and couplers for industrial purposes-Part 1 : General requirements	JIS C 8285-1　工業用プラグ，コンセント及びカプラ――第1部：通則（MOD）
IEC 60364-4-41：2001, Electrical installations of buildings-Part 4-41 : Protection for safety-Protection against electric shock	JIS C 60364-4-41：2006　建築電気設備　第4-41部：安全保護―感電保護（IDT）
IEC 60364-4-43：2001, Electrical installations of buildings-Part 4-43 : Protection for safety-Protection against overcurrent	JIS C 60364-4-43：2006　建築電気設備　第4-43部：安全保護―過電流保護（IDT）
IEC 60364-5-52：2001, Electrical installations of buildings-Part 5-52 : Selection and erection of electrical equipment-Wiring systems	JIS C 60364-5-52：2006　建築電気設備　第5-52部：電気機器の選定及び施工―配線設備（IDT）

IEC/ISO	JIS
IEC 60364-5-53 : 2002, Electrical installations of buildings-Part 5-53 : Selection and erection of electrical equipment-Isolation, switching and control	JIS C 60364-5-53 : 2006　建築電気設備 第5-53部：電気機器の選定及び施工―断路，開閉及び制御
IEC 60364-5-54 : 2002, Electrical installations of buildings-Part 5-54 : Selection and erection of electrical equipment-Earthing arrangements, protective conductors and protective bonding conductors	JIS C 60364-5-54 : 2006　建築電気設備 第5-54部：電気機器の選定及び施工―接地設備，保護導体及び保護ボンディング導体(IDT)
IEC 60364-6-61 : 2001, Electrical installations of buildings-Part 6-61 : Verification-Initial verification	JIS C 60364-6-61 : 2006　建築電気設備 第6-61部：検証―最初の検証(IDT)
IEC 60417-DB : 20022, Graphical symbols for use on equipment	機器に用いる図記号
IEC 60439-1 : 1999, Low-voltage switchgear and controlgear assemblies-Part 1 : Type-tested and partially type-tested assemblies	低電圧開閉装置及び制御装置アセンブリ―第1部：形式試験及び一部形式試験を受けているアセンブリ
IEC 60445 : 1999, Basic and safety principles for man-machine interface, marking and identification-Identification of equipment terminals and of terminations of certain designated conductors, including general rules for an alphanumeric system	JIS C 0445　文字数字の表記に関する一般則を含む機器の端子及び識別指定された電線端末の識別法(IDT)
IEC 60446 : 1999, Basic and safety principles for man-machine interface, marking and identification-Identification of conductors by colours or numerals	マンマシンインタフェイスの基本及び安全原則，表示及び識別―色又は英数字による導体の識別

IEC/ISO	JIS
IEC 60447 : 2004, Basic and safety principles for man-machine interface, marking and identification-Man-machine interface(MMI)-Actuating principles	JIS C 0447　マンマシンインタフェース(MMI)―操作の基準(IDT)
IEC 60529 : 1999, Degrees of protection provided by enclosures(IP Code) Amendment 1(2001)	JIS C 0920 : 2003　電気機械器具の外郭による保護等級(IPコード)(IDT)
IEC 60617-DB : 20013, Graphical symbols for diagrams	JIS C 0617(規格群)　電気用図記号
IEC 60621-3 : 1979, Electrical installations for outdoor sites under heavy conditions(including open-cast mines and quarries)-Part 3 : General requirements for equipment and ancillaries	厳しい条件の屋外現場(露天掘り鉱山及び採石場を含む)のための電気設備．第3部：機器及び補機の一般要求事項
IEC 60664-1 : 1992, Insulation co-ordination for equipment within low-voltage systems-Part 1 : Principles, requirements and tests	JIS C 0664 : 2003　低圧系統内機器の絶縁協調 第1部：原理，要求事項及び試験(MOD)
IEC 60947-1 : 2004, Low-voltage switchgear and controlgear-Part 1 : General rules	JIS C 8201-1　低圧開閉装置及び制御装置―第1部：通則(MOD)
IEC 60947-2 : 2003, Low-voltage switchgear and controlgear-Part 2 : Circuit-breakers	JIS C 8201-2-1 : 2004　低圧開閉装置及び制御装置―第2-1部：回路遮断器(配線用遮断器及びその他の遮断器)(MOD)
	JIS C 8201-2-2 : 2004　低圧開閉装置及び制御装置―第2-2部：漏電遮断器(MOD)

IEC/ISO	JIS
IEC 60947-3 : 1999, Low-voltage switchgear and controlgear-Part 3 : Switches, disconnectors, switch-disconnectors, and fuse combination units	JIS C 8201-3　低圧開閉装置及び制御装置―第3部：開閉器，断路器，断路用開閉器及びヒューズ組みユニット（MOD）
IEC 60947-5-1 : 2003, Low-voltage switchgear and controlgear-Part 5-1 : Control circuit devices and switching elements-Electromechanical control circuit devices	JIS C 8201-5-1　低圧開閉装置及び制御装置―第5部：制御回路機器及び開閉素子―第1節：電気機械制御回路機器(MOD)
IEC 60947-7-1 : 2002, Low-voltage switchgear and controlgear-Part 7-1 : Ancillary equipment-Terminal blocks for copper conductors	JIS C 2811　工業用端子台(MOD)
IEC 61082-1 : 1991, Preparation of documents used in electrotechnology-Part 1 : General requirements	JIS C 1082-1 : 1999　電気技術文書―第1部：一般要求事項(MOD)
IEC 61082-2 : 1993, Preparation of documents used in electrotechnology-Part 2 : Functionoriented diagrams	JIS C 1082-2 : 1999　電気技術文書―第2部：機能図(IDT)
IEC 61082-3 : 1993, Preparation of documents used in electrotechnology-Part 3 : Connection diagrams, tables and lists	JIS C 1082-3 : 1999　電気技術文書―第3部：接続図，表及びリスト(IDT)
IEC 61082-4 : 1996, Preparation of documents used in electrotechnology-Part 4 : Location and installation documents	JIS C 1082-4 : 1999　電気技術文書―第4部：配置及び据付け文書(IDT)
IEC 61140 : 2001, Protection against electric shock-Common aspects for installation and equipment	JIS C 0365　感電保護―設備及び機器の共通事項(IDT)

■附属書　機械の電気装置 E/E/PE に関連する規格群　251

IEC/ISO	JIS
IEC 61310(all parts), Safety of machinery-Indication, marking and actuation	JIS B 9706-1 : 2001　機械類の安全性—表示，マーキング及び作動—第1部：視覚，聴覚及び触覚シグナルの要求事項
	JIS B 9706-2 : 2001　機械類の安全性—表示，マーキング及び作動—第2部：マーキングの要求事項
	JIS B 9706-3 : 2001　機械類の安全性—表示，マーキング及び作動—第3部：アクチュエータの配置及び操作に対する要求事項
IEC 61346(all parts), Industrial systems, installations and equipment and industrial products-Structuring principles and reference designations	JIS C 0452-1 : 2004　電気及び関連分野—工業用システム，設備及び装置，並びに工業製品—構造化原理及び参照指定—第1部：基本原則(IDT)
	JIS C 0452-2 : 2005　電気及び関連分野—工業用システム，設備及び装置，並びに工業製品—構造化原理及び参照指定—第2部：オブジェクトの分類（クラス）及び分類コード
IEC 61557-3 : 1997, Electrical safety in low voltage distribution systems up to 1000 V a.c. and 1500 V d.c.-Equipment for testing, measuring or monitoring of protective measures-Part 3 : Loop impedance	1000 V a.c. 及び 1500 V d.c. 以下の低電圧配電システムの電気的安全性—保護措置試験，計測又は監視用機器—第3部：ループインピーダンス
IEC 61558-1 : 1997, Safety of power transformers, power supply units and similar-Part 1 : General requirements and tests Amendment 1(1998)	電源変圧器，電源装置，リアクトル及び類似製品の安全性—第1部：一般要求事項及び試験

IEC/ISO	JIS
IEC 61558-2-6, Safety of power transformers, power supply units and similar-Part 2-6 : Particular requirements for safety isolating transformers for general use	電源変圧器，電源装置及び類似装置の安全性―第2部：汎用変圧器を安全に分離するための特定要求事項
IEC 61984 : 2001, Connectors-Safety requirements and tests	コネクタ―安全要求事項及び試験
IEC 62023 : 2000, Structuring of technical information and documentation	技術情報及び文書集の体系化
IEC 62027 : 2000, Preparation of parts lists	部品リストの作成
IEC 62061 : 2005, Safety of machinery-Functional safety of safety-related electrical, electronic and programmable electronic control systems	機械の安全性―安全関連電気/電子/プログラム可能電子制御システム
IEC 62079 : 2001, Preparation of instructions-Structuring, content and presentation	取扱説明の作成―構成，内容及び表示方法
ISO 7000 : 2004, Graphical symbols for use on equipment-Index and synopsis	機器に用いる図記号―索引及び摘要
ISO 12100-1 : 2003, Safety of machinery-Basic concepts, general principles for design-Part 1 : Basic terminology, methodology	JIS B 9700-1 : 2004　機械類の安全性―設計のための基本概念，一般原則―第1部：基本用語，方法論
ISO 12100-2 : 2003, Safety of machinery-Basic concepts, general principles for design-Part 2 : Technical principles	JIS B 9700-2 : 2004　機械類の安全性―設計のための基本概念，一般原則―第2部：技術原則
ISO 13849-1 : 1999, Safety of machinery-Safety-related parts of control systems-Part 1 : General principles for design	JIS B 9705-1 : 2000　機械類の安全性―制御システムの安全関連部―第1部：設計のための一般原則

IEC/ISO	JIS
ISO 13849-2 : 2003, Safety of machinery-Safety-related parts of control systems-Part 2 : Validation	機械の安全性―制御システムの安全関連部―第2部：妥当性確認
ISO 13850 : 1996, Safety of machinery-Emergency stop-Principles for design	JIS B 9703 : 2000　機械類の安全性―非常停止―設計原則

参考文献

1) 田村誠一:『安全祈願 20 年』, 1977 年.
2) 田村誠一:『続 安全祈願 20 年』, 1980 年.
3) 夏目武(編著), 日本信頼性学会 LCC 研究会(著):『ライフサイクルコスティング』, 日科学技連出版社, 2009 年.
4) ISO 13849-1 Ed. 2. 0 : 2006:『Safety of machinery-Safety-related parts of control systems-Part 1 : General principles for design』(機械類の安全性―制御システムの安全関連部―第 1 部:設計のための一般原則).
5) ISO 13849-2 Ed. 1. 0 : 2003:『Safety of machinery-Safety-related parts of control systems-Part 2 : Validation』(機械の安全性―制御システムの安全関連部―第 2 部:妥当性確認).
6) ISO 12100-1 Ed. 1 : 2003:『Safety of machinery-Basic concepts, general principles for design-Part 1 : Basic terminology, methodology』(機械の安全性―基本概念, 設計の一般原則―第 1 部:基本用語, 方法論).
7) ISO 12100-2 Ed. 1 : 2003:『Safety of machinery-Basic concepts, general principles for design-Part 2 : Technical principles』(機械の安全性―基本概念, 設計の一般原則―第 2 部:技術原則).
8) IEC 60204-1 Ed. 5. 1 : 2009:『Safety of machinery-Electrical equipment of machines-Part 1: General requirements』(機械類の安全性―機械の電気装置―第 1 部:一般要求事項).
9) IEC 60335 Ed. 4. 2 : 2006:『Household and similar electrical appliances-Safety-Part 1 : General requirements』(家庭用及び類似用途の電気機器―安全性―第 1 部:一般要求事項).
10) IEC 60364-1 Ed. 5. 0 : 2005:『Low-voltage electrical installations-Part 1 : Fundamental principles, assessment of general characteristics, definitions』(低電圧電気設備―第 1 部:基本原則, 一般特性の評価, 定義).
11) IEC 60364-4-41 Ed. 5. 0 : 2005:『Low-voltage electrical installations-Part 4-41 : Protection for safety-Protection against electric shock』(低電圧電気設備―第 4-41 部:安全防護―感電に対する防護).
12) IEC 60364-5-52 Ed 3. 0 : 2009:『Low-voltage electrical installations-Part 5-52 : Selection and erection of electrical equipment-Wiring systems』(低電圧電気設備―第 5-52 部:電気機器の選択及び据付け―配線システム).
13) IEC 60364-5-53 Ed 3. 1 : 2002:『Electrical installations of buildings-Part 5-53 : Selection and erection of electrical equipment-Isolation, switching and control』(建築電気設備―第 5-53 部:電気機器の選択及び組立―絶縁, 開平及び制

御).

14) IEC 60364-5-54 Ed. 2. 0：2002：『Electrical installations of buildings-Part 5-54：Selection and erection of electrical equipment-Earthing arrangements, protective conductors and protective bonding conductors』(建築電気設備―第5-54部：電気機器の選択及び組立―接地処理，保護導体及び保護ボンディング導体).

15) IEC 60364-6 Ed. 1. 0：2006：『Low-voltage electrical installations-Part 6：Verification』(低電圧電気設備―第6-部：検証).

16) IEC 60439-1 Ed. 4. 0：1999：『Low-voltage switchgear and controlgear assemblies-Part 1：General rules』(低電圧開閉装置及び制御装置アセンブリ―第1部：一般規則).

17) IEC 60439-2 Ed. 3. 1：2005：『Low-voltage switchgear and controlgear assemblies-Part 2：Particular requirements for busbar trunking systems(busways)』(低電圧開閉装置及び制御装置アセンブリ―第2部：ブスバートランキングシステム(ブスウェイ)の特定要求事項).

18) IEC 60617：『Graphical symbols for diagrams』(図表用図記号).

19) IEC 60664-1 Ed. 2. 0：2007：『Insulation coordination for equipment within low-voltage systems-Part 1：Principles, requirements and tests』(低電圧システム内の機器の絶縁協調―第1部：原則，要求事項及び試験).

20) IEC 60950 Ed. 2. 0：2005：『Information technology equipment-Safety-Part 1：General requirements』(情報技術機器―安全性―第1部：一般要求事項).

21) IEC 61010 Ed. 2. 0：2001：『Safety requirements for electrical equipment for measurement, control, and laboratory use-Part 1：General requirements』(計測，制御及び試験所使用電気機器の安全要求事項―第1部：一般要求事項).

22) IEC/TR 61200-413 Ed. 1. 0：1996：『Electrical installation guide-Clause 413：Explanatory notes to measures of protection against indirect contact by automatic disconnection of supply』(電気設備の手引き―413節：自動電源遮断による間接接触に対する保護措置).

23) IEC 61310-1 Ed. 2. 0：2007：『Safety of machinery-Indication, marking and actuation-Part 1：Requirements for visual, acoustic and tactile signals』(機械の安全性―指示，マーキング及び作動―第1部：視覚，音響及び触覚信号の要求事項).

24) IEC 61310-2 Ed. 2. 0：2007：『Safety of machinery-Indication, marking and actuation-Part 2：Requirements for marking』(機械の安全性―指示，マーキング及び作動―第2部：マーキングの要求事項).

25) IEC 61310-3 Ed. 2. 0：2007：『Safety of machinery-Indication, marking and actuation-Part 3：Requirements for the location and operation of actuators』

（機械の安全性―指示，マーキング及び作動―第3部：アクチュエータの位置及び操作の要求事項）．
26) IEC 62061 Ed.1.0：2005：『Safety of machinery-Functional safety of safety-related electrical, electronic and programmable electronic control systems』（機械の安全性―安全関連電気/電子/プログラム可能電子制御システム）．
27) IEC 62208 Ed.1.0：2002：『Empty enclosures for low-voltage switchgear and controlgear assemblies-General requirements』（低電圧開閉装置及び制御装置アセンブリのための空のエンクロージャ――一般要求事項）．
28) IEC 61082-1 Ed.1：2006：『Preparation of documents used in electrotechnology-Part 1：Rules』（電気技術で使用する文書の作成―第1部：規則）．
29) IEC 62023 Ed.1：2000：『Structuring of technical information and documentation』（技術情報及び文書集の体系）．
30) IEC 62027 Ed.1：2000：『Preparation of parts lists』（部品リストの作成）．
31) EN 60204-1 Ed.4：2006：『Safety of machinery-Electrical equipment of machines-Part 1：General requirements』（機械類の安全性―機械の電気装置―第1部：一般要求事項）．
32) EN 50178：1998：『Electronic equipment for use in power installation』（電力設備用電子機器）．
33) VDE 0100：1973：『Bestimmungen für das Errichten von Starkstromanlagen mit Nennspannungen bis 1000 V』（定格電圧1000 V以下の配電盤製作）．
34) VDE 0110 Teil 1：1972：『INSULATION CO-ORDINATION FOR EQUIPMENT WITHIN LOW-VOLTAGE SYSTEMS-FUNDAMENTAL REQUIREMENTS』（低電圧施設内の機器の絶縁協調―第1部：基本的事項）．
35) VDE 0113 teil 1：1985：『Sicherheit von Maschinen-Elektrische Ausrüstung von Maschinen-Teil 1』（機械類の安全性―機械の電気装置―第1部）．
36) VDE 0660：『Low-voltage switchgear and controlgear assemblies』（低圧の開閉装置及び制御装置アセンブリ）．
37) J. Bahm, P. Heyder, M. Kaenign：Erlauterungen zu DIN VDE 0113 Teil 1/02.86：『Elektrische Ausrustung von Industriemaschinen（産業機械の電気装置）
38) 日本工業標準調査会(審議)：JIS B 9960-1 Ed.2.0：2008：『機械類の安全性―機械の電気装置―第1部：一般要求事項』，日本規格協会，2008年．
39) 日本工業標準調査会(審議)：JIS B 9712 Ed.1.0：2006：『機械類の安全性―両手操作制御装置―機能的側面及び設計原則』，日本規格協会，2006年．
40) 日本工業標準調査会(審議)：JIS C 620721：2009：『環境条件の分類―第1部：環境パラメータ及びその厳しさ』，日本規格協会，2009年．
41) 日本工業標準調査会(審議)：JIS C 8201-2-1：2004：『低圧開閉装置及び制御装置―第2-1部：回路遮断器(配線用遮断器及びその他の遮断器)』，日本規格協

会, 2004年.
42) 日本工業標準調査会(審議)：JIS C 8201-3：2009：『低圧開閉装置及び制御装置—第3部：開閉器, 断路器, 断路用開閉器及びヒューズ組みユニット』, 日本規格協会, 2009年.
43) 日本工業標準調査会(審議)：JIS C 8370：2006：『配線用遮断器』, 日本規格協会, 2006年.
44) 日本工業標準調査会(審議)：JIS B 9706-1：2009：『機械類の安全性—表示, マーキング及び操作—第1部：視覚, 聴覚及び触覚シグナルの要求事項』, 日本規格協会, 2009年.
45) 日本工業標準調査会(審議)：JIS B 9706-2：2009：『機械類の安全性—表示, マーキング及び操作—第2部：マーキングの要求事項』, 日本規格協会, 2009年.
46) 日本工業標準調査会(審議)：JIS B 9706-3：2009：『機械類の安全性—表示, マーキング及び操作—第3部：アクチュエータの配置及び操作に対する要求事項』, 日本規格協会, 2009年.
47) 日本工業標準調査会(審議)：JIS C 8201-5-1：2007：『低圧開閉装置及び制御装置—第5部：制御回路機器及び開閉素子—第1節：電気機械式制御回路機器』, 日本規格協会, 2007年.
48) 日本工業標準調査会(審議)：JIS B 9703：2000：『機械類の安全性—非常停止—設計原則』, 日本規格協会, 2000年.
49) 日本工業標準調査会(審議)：JIS C 3665-1：2007：『電気ケーブル及び光ファイバケーブルの燃焼試験—第1部：絶縁電線又はケーブルの一条垂直燃焼試験—装置』, 日本規格協会, 2007年.
50) 日本工業標準調査会(審議)：JIS C 8285-1：2000：『工業用プラグ, コンセント及びカプラー—第1部：通則』, 日本規格協会, 2000年.
51) 日本工業標準調査会(審議)：JIS C 1082-1：1999：『電気技術文書—第1部：一般要求事項』, 日本規格協会, 1999年.
52) 日本工業標準調査会(審議)：JIS C 1082-2：1999：『電気技術文書—第2部：機能図』, 日本規格協会, 1999年.
53) 日本工業標準調査会(審議)：JIS C 1082-3：1999：『電気技術文書—第3部：接続図, 表及びリスト』, 日本規格協会, 1999年.
54) 日本工業標準調査会(審議)：JIS C 1082-4：1999：『電気技術文書—第4部：配置及び据付け文書』, 日本規格協会, 1999年.
55) 日本工業標準調査会(審議)：JIS C 0452-1：2004：『電気及び関連分野—工業用システム, 設備及び装置, 並びに工業製品—構造化原理及び参照指定—第1部：基本原則』, 日本規格協会, 2004年.
56) 日本工業標準調査会(審議)：JIS C 0452-2：2005：『電気及び関連分野—工業用システム, 設備及び装置, 並びに工業製品—構造化原理及び参照指定—第2

部：オブジェクトの分類(クラス)及び分類コード』，日本規格協会，2005 年．
57) 日本工業標準調査会(審議)：JIS C 0453：2005：『電気及び関連分野—部品リストの作成』，日本規格協会，2005 年．
58) 日本工業標準調査会(審議)：JIS C 0454：2005：『電気及び関連分野—技術情報及び文書の構造化』，日本規格協会，2005 年．
59) 日本工業標準調査会(審議)：JIS C 0457：2006：『電気及び関連分野—取扱説明の作成—構成，内容及び表示方法』，日本規格協会，2006 年．

索　引

【英字】

CENELEC	11
Class 0	22
Class I	20, 22, 23
Class II	19, 20, 22, 23, 37
Class III	22, 23
EU	11
FAIL SAFE	163, 166, 174, 217
FELV	13, 23, 25, 26
IK コード	116, 117
IP コード	20, 116, 117, 146
IT 系統	19, 30, 151
PELV	13, 17, 23, 25, 26
TN-C	28, 29
TN-C-S	28, 30
TN-S	28, 29, 44
TN 系統	19, 151
TN 接地系統	152
TT 系統	19, 30, 31, 151

【ア行】

圧着端子	196
安全関連	67
安全係数	62
安全水準	67
安全絶縁変圧器	26
安全電圧	21
インターロック	80, 178, 190, 207
エンクロージャ	17, 19, 20, 37, 116, 117, 118, 123, 134, 135, 136, 137, 142
沿面距離	8, 9, 96, 234
汚染度	7, 10

【カ行】

回避の可能性	6
外部導電性部分	32
外部保護導体	38
カスケード遮断	59, 170
型式協調	67
過電圧カテゴリ	7, 8, 10, 11
過電圧保護	52
過電流	45, 60, 62, 64, 66, 67, 71, 169
──保護	32, 48, 49, 55, 56, 57, 59, 65, 68, 73, 75, 77, 200
──保護機器	22, 42, 58, 32, 37, 64
過負荷	45, 70, 71, 195
──保護	42, 55, 60, 69, 70, 72, 76, 195, 200, 202, 205, 207
環境汚染	8
間欠運転	202
間接影響	18, 88

間接接触	17, 18, 19, 20, 22, 23, 33, 123, 151	――特性	57
		充電導体	31, 37, 49, 50, 70
感電	20	主等電位ボンディング	34
――保護	17, 23, 33	使用環境	9, 15
関連規格	9, 14	冗長系	83, 86
機械的寿命	180	冗長性	81
機器接地	20, 21, 33, 34, 35, 36, 151	照明回路	51
企業防衛	16	推定接触電圧	21
危険源	6, 7, 57, 78, 90, 139, 140	推定短絡電流	56
基礎規格	9	制御機能	73, 74, 79, 89, 94, 135
起動機能	89	絶縁階級	8, 11, 106, 175, 179, 215, 234
機能ボンディング	27, 32, 33, 34, 39, 78, 79, 80	絶縁監視機器	19, 22, 79
		絶縁協調	7, 8
強制開離機構	81, 83, 85, 86, 106, 111, 112	絶縁距離	175
空間距離	8	絶縁段階	198
クラスⅡ	17	絶縁被覆	122, 126, 127, 134
系統接地	33, 35, 36	絶縁劣化	20
ケーブルレス	98	接触信頼度	194, 209
公称周波数	12	接触電圧	21
公称電源電圧	12	接地系統	28
コンビネーションスターター	195	セルフチェック	81, 83, 84, 85, 106
		遭遇頻度	6
		操作モード	94

【サ 行】

【タ 行】

再起動	70	多様性（ダイバーシティ）	81, 87
――防止	206	短絡故障	69
残存リスク	38	短絡電流	49, 50, 51, 56, 57, 58, 59, 61, 67, 71, 73, 74, 165
残留電圧	17		
自己保持回路	215, 221	短絡保護	60, 165, 195, 206, 207
実証済み回路	80, 81, 85	断路用開閉器	45, 46, 48, 80
自動遮断	17, 22		
遮断協調	58		

中性導体	31, 44, 49, 50, 70, 133, 134	**【ハ 行】**	
直接	88		
——影響	18	発生確率	6
——開離機構	81, 83, 106, 112	盤内照明	51, 52
——接触	17, 18, 23, 123	非対象故障モード	82, 106
直流操作	193	フィードバック	84
直流電源	75	フィンガーセーフ	19
地絡事故	77, 78	プラグ/コンセント	47
追加保護ボンディング	27	並列冗長系	106
定格電流	60, 63, 65	保護協調	58
停止カテゴリ 0	95	保護クラス	22
停止機能	89, 94, 98	保護構造	229, 230
停電	52, 53, 55	保護接地導体	44
電圧降下	52, 53, 55, 130	保護等級	20, 106, 117
電気的寿命	180.184, 204, 208	保護導体	25, 31, 32, 34, 37, 133, 134
電気的絶縁	8	保護特別低電圧	23
電気的分離	17, 19, 23, 37	保護ボンディング	27, 32, 33, 34,
電源	15		37, 38, 136, 150, 151, 152
——遮断	150, 151, 152	ポジティブモード	79, 81, 82, 83
——遮断器	45, 46, 47, 48,	ホールドトゥラン	94, 96
	49, 51, 62, 80, 140		
——電圧	12	**【マ 行】**	
ドアーインタロック	20, 27, 31,		
	32, 33, 37, 39, 79	マーキング	104, 139, 142
特別低電圧	25	モータスタータ	57, 60, 63, 70, 72, 76,
			160, 162, 164, 171, 205, 207, 243
		モード選択	94
【ナ 行】			
		【ヤ 行】	
二重絶縁	178, 196, 207, 221, 229, 230		
入力電源導体	43	溶断特性	204

【ラ 行】

ライフサイクル	15, 16, 88
リスクアセスメント	6, 13, 38, 88, 89, 90, 140
リスク低減	6, 39, 77
両手操作	96, 97
例外回路	41, 51, 52, 134
漏電電流	39
露出導電性部分	18, 32, 37

［監修者，著者紹介］
田村 邦夫（たむら くにお）
　1965年　大阪大学工学部卒業
　1971年　ノースウェスタン大学大学院卒業，Ph.D.
　現　在　（有）タムラセーフティシステムズ代表取締役

田村 誠一（たむら せいいち）
　1921年　京都帝大工学部電気科学卒業
　1955年　（株）タムラ商会代表取締役社長
　主な著書　『燦然と輝いていた古代（三部作）』，『ダイオキシンよ　おごるなかれ』，『ガンよ　おごるなかれ』，『安全祈願20年』，『続 安全祈願20年』，その他多数

平沼 栄浩（ひらぬま えいひろ）
　1984年　京都工芸繊維大学工業短期大学部電気工学科卒業
　現　在　セーフティプラス（株）代表取締役
　主な著書　『ライフサイクルコスティング』（共著，日科技連出版社，2009年）

■IEC 60204-1 を活かす知恵

産業機械の電気安全──安全祈願から安全設計へ──

2010年4月28日　第1刷発行

　　　　　　　　　　監　修　田　村　邦　夫
　　　　　　　　　　著　者　田　村　誠　一
　　　　　　　　　　　　　　平　沼　栄　浩
　　　　　　　　　　発行人　田　中　　　健
　　　　　発行所　株式会社 日 科 技 連 出 版 社
　　　　　〒151-0051　東京都渋谷区千駄ケ谷5-4-2
　　　　　　　　　電話　出版　03-5379-1244
　　　　　　　　　　　　営業　03-5379-1238～9
　　　　　　　　　　　　振替口座　東京 00170-1-7309

検印省略

Printed in Japan

　　　　　　印刷・製本　株式会社 三秀舎

©Kunio Tamura, Eihiro Hiranuma 2010
ISBN 978-4-8171-9346-9
URL http://www.juse-p.co.jp/

本書の全部または一部を無断で複写複製(コピー)することは，著作権法上での例外を除き，禁じられています．